Tinka Beller
Gabriele Hoffmeister-Schönfelder

30 Minuten

Mentoring

Bibliografische Information der Deutschen Nationalbibliothek

Die Deutsche Nationalbibliothek verzeichnet diese Publikation in der Deutschen Nationalbibliografie; detaillierte bibliografische Daten sind im Internet über http://dnb.d-nb.de abrufbar.

Umschlaggestaltung: die imprimatur, Hainburg
Umschlagkonzept: Martin Zech Design, Bremen
Lektorat: Eva Gößwein, Berlin
Grafiken: Martin Zech Design, Bremen
Autorenfotos: Stefan Bungert, Hamburg
Satz: Zerosoft, Timisoara (Rumänien)
Druck und Verarbeitung: Salzland Druck, Staßfurt

© 2018 GABAL Verlag GmbH, Offenbach

Hinweis:
Das Buch ist sorgfältig erarbeitet worden. Dennoch erfolgen alle Angaben ohne Gewähr. Weder die Autorinnen noch der Verlag können für eventuelle Nachteile oder Schäden, die aus den im Buch gemachten Hinweisen resultieren, eine Haftung übernehmen.

Printed in Germany

ISBN 978-3-86936-844-3

In 30 Minuten wissen Sie mehr!

Dieses Buch ist so konzipiert, dass Sie in kurzer Zeit prägnante und fundierte Informationen aufnehmen können. Mithilfe eines Leitsystems werden Sie durch das Buch geführt. Es erlaubt Ihnen, innerhalb Ihres persönlichen Zeitkontingents (von 10 bis 30 Minuten) das Wesentliche zu erfassen.

Kurze Lesezeit

In 30 Minuten können Sie das ganze Buch lesen. Wenn Sie weniger Zeit haben, lesen Sie gezielt nur die Stellen, die für Sie wichtige Informationen beinhalten.

- Alle wichtigen Informationen sind blau gedruckt.

- Schlüsselfragen mit Seitenverweisen zu Beginn eines jeden Kapitels erlauben eine schnelle Orientierung: Sie blättern direkt auf die Seite, die Ihre Wissenslücke schließt.

- *Zahlreiche Zusammenfassungen innerhalb der Kapitel erlauben das schnelle Querlesen.*

- Ein Fast Reader am Ende des Buches fasst alle wichtigen Aspekte zusammen.

- Ein Register erleichtert das Nachschlagen.

Inhalt

Vorwort

In Zeiten von Digitalisierung, Arbeit 4.0 und dem Ziel, größtmögliche Effizienz in Arbeitsabläufen zu erreichen, erscheint das Instrument Mentoring geradezu altmodisch: Eine erfahrene Person (MentorIn) begleitet eine weniger erfahrene Person (Mentee) ein Stück auf ihrem beruflichen und zum Teil persönlichen Weg. Die Ursprünge reichen tatsächlich weit zurück, bis in die griechische Mythologie: Als Odysseus auf große Fahrt ging, bat er seinen Freund Mentor, während seiner Abwesenheit für seinen Sohn Telemachos zu sorgen. Grundsätzlich hat sich seit dieser Zeit im Mentoring wenig geändert. Primär geht es um zwei Personen, die in einem geschützten Rahmen miteinander sprechen und voneinander lernen.

Damit aus Ihrem Mentoring, sei es als Mentee oder MentorIn, ein erfolgreiches Mentoring wird, bedarf es einiger weiterer Vorüberlegungen und Voraussetzungen, die wir Ihnen im Folgenden exemplarisch vorstellen. Neben der gegenseitigen persönlichen Sympathie müssen die Mentees und MentorInnen sich zum Beispiel auch auf verschiedenen Hierarchieebenen befinden, es muss einen klar definierten Programmrahmen inkl. Anfang und Ende geben und natürlich muss die Zusammenstellung der „richtigen" Tandems (Mentee & MentorIn) gewährleistet sein.

Mit der Erfahrung von mehr als 4500 erfolgreich gematchten (zusammengestellten) und begleiteten Tandems möchten wir Sie für die professionelle Ein- und Durchführung von Mentoring begeistern. Im Idealfall ist das Ergebnis eine Win-win-win-Situation: Neben den Mentees und MentorInnen, die von dem gegenseitigen direkten Austausch profitieren, bietet es für Unternehmen und Arbeitgeber eine nachhaltige Personalentwicklungsmaßnahme und die Erhöhung der Arbeitgeberattraktivität.

Viel Freude als Mentee, MentorIn oder Mitglied der Projektgruppe wünschen Ihnen

Tinka Beller & Gabriele Hoffmeister-Schönfelder

PS: Mentoring hat viel mit der Sichtbarkeit der Teilnehmenden, sowohl der Frauen als auch der Männer, zu tun. Wir haben uns daher für die Schreibweise „MentorInnen" bzw. „Mentor und Mentorin" entschieden, um dieser Sichtbarkeit auch beim Schreiben gerecht zu werden.

30 MINUTEN

1. Einführung ins Mentoring

Mentoring bezeichnet die Beziehung von (in der Regel) zwei Personen: Mentee und MentorIn. Die im Folgenden beschriebenen Programme zeigen Ihnen die formellen Formen des Mentorings und die dafür erforderlichen Voraussetzungen auf. Das sind z. B. eine klar identifizierte Zielgruppe, definierte Ziele der Mentees und ein strukturiertes Auswahlverfahren. Dieses institutionalisierte Mentoring unterscheidet sich durch Art und Gestaltung von informellen Mentoring-Beziehungen. Vermutlich hat fast jede(r) im Arbeits- oder Privatleben schon entsprechende Situationen erlebt, ohne sich dabei explizit als Mentee oder MentorIn zu fühlen. Vielleicht hatten Sie einen erfahrenen Kollegen, der Sie als Neuling unter seine „Fittiche" genommen hat, oder Sie haben an der Uni eine Studentin eines unteren Semesters betreut? Auch das ist Mentoring.

1.1 Formen, Zielgruppen und Themen

Wo Mentoring endet und eine andere Maßnahme beginnt, ist auch unter ExpertInnen mitunter nicht unstrittig. Besonders zum Coaching ist die Abgrenzung zum Teil nicht ganz deutlich. Einen Überblick über weitere Methoden der Personalentwicklung und die jeweiligen Schwerpunkte bietet Ihnen die Grafik auf der gegenüberliegenden Seite.

Unabhängig von der Form des Mentorings lassen sich verschiedene Zielgruppen und häufig genannte Zielsetzungen unterscheiden:

- PotenzialträgerInnen im Unternehmen (internes oder Cross-Mentoring)
- ältere MitarbeiterInnen im Unternehmen (internes Generationen-Mentoring)
- junge bzw. werdende Väter im Unternehmen (internes bzw. Cross-Mentoring)
- SchülerInnen (Cross-Mentoring)

Bei den formellen Programmen gibt es grundsätzlich zwei verschiedene Formen des Mentorings. Beim internen Mentoring kommen Mentees und MentorInnen aus demselben Unternehmen (aber *nicht* aus derselben Abteilung!), beim Cross-Mentoring aus verschiedenen Unternehmen und in vielen Fällen sogar aus ganz unterschiedlichen Branchen.

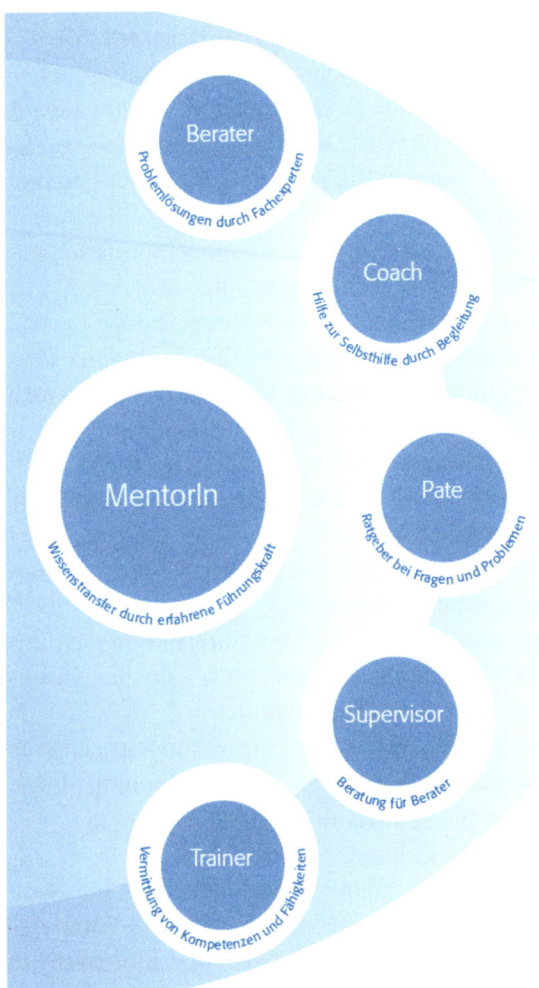

Abb. 1: Methoden der Personalentwicklung im Überblick

Themen für interne Mentoring-Programme

Je nach Zielgruppe unterscheiden sich die individuellen Themen und Ziele der Teilnehmenden, es gibt jedoch Themen, die für internes Mentoring besonders geeignet sind und regelmäßig von den Mentees genannt werden:

- Unterstützung nach der Übernahme einer neuen Position innerhalb des Unternehmens
- Hilfe bei der strategischen Karriereplanung
- Wissenstransfer innerhalb des Unternehmens bzw. einer bestimmten Abteilung, z. B. zwischen Generationen
- gezielter Austausch mit KollegInnen in gleichen Lebenssituationen (z. B. Rückkehr aus der Elternzeit, Reduzierung der Arbeitszeit für Väter etc.)
- Vereinbarkeit von Familie und Beruf
- Feedback zur eigenen Person
- Vorbereitung auf den nächsten Karriereschritt
- gesteuerte Nachfolgeplanung innerhalb des Unternehmens oder einer Abteilung
- Erhöhung unterrepräsentierter Personengruppen in bestimmten Abteilungen (z. B. durch Bildung alters- und geschlechtsgemischter Teams)

Es können mehrere Themen gleichzeitig für die Mentees relevant sein. Gerade für (werdende) Väter der jüngeren Generation ist z. B. das Thema „Elternzeit" in vielen Fällen präsenter als für die (meist) ältere Generation der Vorgesetzten. Für diese Mentees sind häufig die Themen „Vereinbarkeit von Familie und Beruf", „strategische Karriereplanung" und „Wahrnehmung der eigenen Person" relevant und sie wünschen sich dafür eine Begleitung.

Themen für Cross-Mentoring-Programme

Grundsätzlich geeignete und häufig genannte Themen für das Cross-Mentoring sind:

- eine Unterstützung in der Standortbestimmung und weiteren Karriereplanung
- offenes und unvoreingenommenes Feedback einer neutralen Führungsperson
- ein offener Austausch und Hilfestellung, ob eine Fach- oder Führungslaufbahn angestrebt werden soll
- ein Erfahrungsaustausch, ob und wie sich Karriere und Familie miteinander vereinbaren lassen
- Hilfestellung bei evtl. Konflikten oder Unsicherheiten im eigenen Unternehmen
- der Wunsch, das eigene Netzwerk unternehmensübergreifend zu erweitern

Austausch auf Augenhöhe

Bei beiden Formen des Mentorings bilden die Mentees (die unerfahrenere Person) und die MentorInnen (die erfahrenere Person) für die Zeit des Programms eine Partnerschaft, ein sogenanntes Tandem.
Eine Besonderheit im Mentoring, und ein Unterschied zu anderen Maßnahmen, sind der Austausch und die

Kommunikation beider Teilnehmenden auf Augenhöhe. Dies gilt auch, wenn die MentorInnen erfahrener und in der Hierarchie höhergestellt sind. Im Gegensatz z. B. zu einem LehrerIn-SchülerIn-Verhältnis, in dem es eine klare inhaltliche und disziplinarische Weisungsbefugnis gibt, stehen im Mentoring die Kommunikation miteinander und das Lernen voneinander im Vordergrund. Wissenstransfer und Erfahrungsaustausch im Tandem sind die wesentlichen Ziele im Mentoring-Programm, unabhängig davon, ob es sich um ein internes oder ein Cross-Mentoring handelt.

Welche Form des Mentorings für welche Unternehmen bzw. welche TeilnehmerInnen geeignet ist, hängt u. a. von der Größe des Unternehmens, der Position der Mentees und den Themen ab, die während des Programms bearbeitet werden sollen. Die Hauptpersonen in beiden Programmen sind die Mentees und ihre Ziele für das Mentoring!

Jede Zielgruppe hat ihre eigenen Zielsetzungen, die es für ein erfolgreiches Programm zu beachten gilt. Bei jeder Form des Mentorings steht der Erfahrungsaustausch auf Augenhöhe im Zentrum.

1.2 Internes Mentoring

Wenn Mentee und MentorIn im selben Unternehmen arbeiten, spricht man von internem Mentoring. Wann ist diese Form des Mentorings im Unternehmen sinnvoll?

Da die Mentees und MentorInnen der internen Programme in keiner direkten Hierarchie bzw. Abhängigkeit zueinander stehen dürfen, bietet sich diese Form des Mentorings erst ab einer Unternehmensgröße von ca. 400 MitarbeiterInnen an. Mit MentorInnen, die weisungsbefugt gegenüber den Mentees sind oder in derselben Abteilung arbeiten, kann kein offener und vertrauensvoller Austausch entstehen. Diese absolute Vertraulichkeit ist jedoch eine wichtige Voraussetzung für erfolgreiches Mentoring. Nur mit dem Wissen, dass die Gesprächsinhalte diskret behandelt werden, können sich beide Seiten auf die zum Teil sehr persönlichen Themen einlassen.

Internes Mentoring bietet dem Unternehmen die Möglichkeit, sowohl einzelne Personen als auch bestimmte Gruppen zu fördern. Ein professionelles Mentoring benötigt ein ausreichendes Budget, das im Vorfeld vereinbart und für das Programm zur Verfügung gestellt wird. Die Erwartung, dass das Programm „nebenbei" implementiert und betreut werden kann, führt zu Frustrationen und Misserfolgen. Wichtig ist ebenfalls, dass die vom Unternehmen beabsichtigten Ziele im Vorfeld klar definiert werden und deutlich wird, dass es sich um eine professionelle Maßnahme handelt.

Mögliche Ziele sind:

- eine Unterstützung der Einarbeitung neuer Führungskräfte

- Nachwuchsförderung (z. B. für ehemalige Trainees)
- die Erhöhung der Sichtbarkeit bestimmter Personen- oder Berufsgruppen (z. B. Abteilungen, in denen Frauen unterrepräsentiert sind, Mitarbeitende im Vertrieb etc.)
- die Förderung einer neuen Unternehmenskultur (z. B. durch die Erhöhung des Anteils von Vätern, die Elternzeit nehmen)
- die bessere Vernetzung der Mitarbeitenden innerhalb des Unternehmens

MentorInnen unterstützen die Mentees eines internen Mentoring-Programms u. a. bei Fragen wie:

- *„Ich bin mir noch unsicher, ob ich Karriere machen möchte. Wie kann ich eine gute Entscheidung treffen?"*
- *„Können Familie und Karriereambitionen miteinander vereinbart werden?"*
- *„Ich weiß, welche Position ich erreichen möchte. Wie komme ich da hin?"*
- *„Nach meiner Beförderung bin ich Vorgesetze(r) meiner ehemaligen KollegInnen. Wie verhalte ich mich jetzt?"*
- *„Ich habe Konflikte mit meinem Vorgesetzten bzw. im Team. Wie kann ich das lösen?"*
- *„Meine Leistungen im Unternehmen sind sehr gut, werden jedoch nicht gesehen. Wie kann ich eine bessere Sichtbarkeit erreichen?"*
- *„Bei Meetings oder Präsentationen bin ich sehr schüchtern. Wie kann ich an meinem Auftreten arbeiten?"*

Diese Liste lässt sich beliebig fortsetzen, da die Themen so individuell sind wie die Mentees. Es ist sehr wichtig, dass zu Beginn des Programms von den Mentees genug Themen für die gesamte Programmlaufzeit genannt werden. Es kommt relativ häufig vor, dass sich ein Thema innerhalb des Mentorings schnell klärt bzw. erledigt. Das kann z. B. durch eine Umstrukturierung innerhalb des Unternehmens passieren, in deren Folge der streitbare Kollege nicht mehr zum Team gehört. Oder die Möglichkeit, einen Tag im Homeoffice zu arbeiten, wird gegeben, was zu einer deutlichen Verbesserung der Vereinbarkeit von Familie und Beruf führt. Hier ist es Aufgabe der Projektgruppe bzw. der ExpertInnen, die Mentees in der Themenfindung zu stärken und zum Querdenken zu ermutigen, damit das Mentoring-Programm optimal genutzt wird.

Chancen und Grenzen im internen Mentoring

Mentees, die an einem internen Mentoring teilnehmen, erhalten bereits dadurch eine Wertschätzung, dass der Arbeitgeber sie an einer individuellen Personalentwicklungsmaßnahme teilnehmen lässt.

Die Vorteile des internen Mentorings sind schnell darstellbar: Mentees und MentorInnen verfolgen die gleichen Unternehmensziele und kennen die Unternehmensphilosophie. Aufgrund der räumlichen Nähe entfallen meist aufwendige und teure Fahrten und sowohl Mentees als auch MentorInnen sind der Personalabteilung bzw. der Projektleitung bekannt. Die Mentees profitieren von den bestehenden Kontakten und Netzwerken ihrer MentorInnen und können neue Beziehungen im Unternehmen knüpfen. Bei aktuellen Fragen oder Problemstellungen ist der Weg zu den MentorInnen kurz, und in den meisten Fällen ist es möglich, auch zwischen den geplanten Mentoring-Gesprächen einen kurzen Termin zu vereinbaren oder eine Frage zu stellen. Die Mentees werden durch den Kontakt zu ihren MentorInnen im Unternehmen sichtbarer.

Häufig ist auch ein sogenanntes Shadowing Teil des internen Mentorings, d. h., die Mentees begleiten ihre MentorInnen bei der Arbeit oder auf bestimmten Veranstaltungen. Dadurch erleben die Mentees ihre MentorInnen in deren Arbeitsalltag und erweitern ihren Erfahrungshorizont auf einer ganz praktischen Ebene. Tipps und Ratschläge der MentorInnen können so oftmals besser verstanden werden.

Gerade in sehr großen Unternehmen oder Konzernen kann internes Mentoring auch an verschiedenen Standorten stattfinden. Dies bietet die z. B. Möglichkeit, KollegInnen anderer Niederlassungen oder die Arbeit der Hauptverwaltung besser kennenzulernen.

Es gibt jedoch auch Situationen, in denen ein internes Mentoring nicht sinnvoll ist. Die Gründe dafür können sowohl im persönlichen Bereich der Mentees liegen als auch in der Unternehmensorganisation. Exemplarisch hierfür sind z. B.:

- Mentees, die in „kritischen" Bereichen tätig sind (z. B. Revision, Rechtsabteilung, Personalabteilung) oder sehr vorstandsnah arbeiten

- Mentees, für deren Themen sich im Unternehmen keine passenden MentorInnen finden lassen (z. B. spezielle Fragestellungen, Internationales, wie eine Entsendung ins Ausland o. Ä.)
- Mentees, für die keine persönlich passenden MentorInnen im Unternehmen tätig sind
- eine zu geringe Unternehmensgröße

In diesen Fällen sollte alternativ ein Cross-Mentoring in Betracht gezogen werden.

Voraussetzungen für ein internes Mentoring
Voraussetzungen im Unternehmen sind u. a.:
- Unternehmensgröße von >400 MitarbeiterInnen
- klare Zielsetzung des Unternehmens, was mit dem Mentoring erreicht werden soll
- genaue Definition der Zielgruppe (ältere MitarbeiterInnen, PotenzialträgerInnen etc.)
- Abstimmung mit dem Betriebs- bzw. Personalrat
- klare Kommunikation innerhalb des Unternehmens bzgl. der Zielgruppe
- ein transparentes Auswahlverfahren, das allen MitarbeiterInnen und Führungskräften erläutert wird
- eine Projektgruppe, die für das gesamte Programm und die Betreuung verantwortlich ist

Transparenz ist eine wesentliche Voraussetzung für ein erfolgreiches internes Mentoring-Programm. Die Information, dass im Unternehmen ein internes Mentoring-

Programm angeboten wird, sollte so früh und umfassend wie möglich kommuniziert werden. Je nach Unternehmenskultur sind Informationsveranstaltungen, Bekanntmachung im Intranet oder Aushänge möglich. Diese Informationen sollten Folgendes beinhalten:

- die Zielsetzung des Unternehmens
- die potenzielle Zielgruppe
- die Voraussetzungen für eine Teilnahme
- die Dauer des Programms

Ergänzend können mögliche Alternativen für die MitarbeiterInnen, die nicht der Zielgruppe entsprechen, genannt werden. Falls Mentoring als ein Bestandteil der Personalentwicklung geplant ist, kann ggf. eine Teilnahme zu einem späteren Zeitpunkt möglich sein. Die verantwortlichen Führungskräfte sollten ebenfalls vor der Einführung des Programms ausführlich über die geplante Maßnahme informiert werden. Eventuell wird ein(e) MitarbeiterIn als Mentee teilnehmen. Oder das Unternehmen sucht die MentorInnen innerhalb der Führungskräfte und KollegInnen werden direkt angesprochen.
Werden diese Informationen nicht bzw. nur unzulänglich kommuniziert, kann es zu Unstimmigkeiten bzw. Missverständnissen bei den MitarbeiterInnen kommen. Wird bekannt, dass eine bestimmte Personengruppe, z. B. Frauen, durch das Programm gefördert wird, ohne dass die dahinterstehende Absicht kommuniziert wurde, sind Neid und Vorurteile der KollegInnen fast vor-

programmiert. Bei der genannten Zielgruppe können es z. B. männliche Kollegen sein, die sich über die „ungerechtfertigte Frauenförderung" beschweren, oder auch Kolleginnen, die eine Maßnahme für Frauen ablehnen, weil sie keinen „Bonus aufgrund der Tatsache, dass sie Frauen sind", wollen oder das Gefühl vermeiden möchten, „einer defizitären Gruppe" anzugehören, für die ein Extraprogramm angeboten wird. Eine ganz einfache und klare Lösung wäre in diesem Fall, die aktuellen Zahlen des Unternehmens vorzulegen. Ist eine Förderung von Frauen in Führungspositionen das Ziel, kann der bisher erreichte Frauenanteil als Argumentationsgrundlage dienen.

Zusammensetzung und Aufgabe der Projektgruppe

Wie erfolgreich ein Mentoring-Programm wird, hängt primär von den Tandems (Mentees & MentorInnen) ab, die im Mittelpunkt der Maßnahme stehen. Um für die Mentees und MentorInnen ideale Rahmenbedingungen zu gewährleisten, ist es unbedingt erforderlich, dass es im Unternehmen jemanden gibt, der die Verantwortung für das Programm und seine Durchführung hat. Das umfasst u. a. die Planung, die Organisation und das Matching und auch, während der späteren Durchführung als AnsprechpartnerIn für die Tandems zur Verfügung zu stehen. Eine häufige (und falsche!) Annahme ist, dass Mentoring „wie von selbst" funktioniert. Nach dem Zusammenstellen der Tandems werden diese häu-

fig sich selbst überlassen und haben keine AnsprechpartnerInnen bei Fragen oder Problemen.

Die Aufgabe „Projektgruppe" wird in vielen Fällen an
die Personal- oder Personalentwicklungs-Abteilung
übertragen. Diese Konstellation hat Vorteile:

Die PersonalerInnen

- … kennen alle Mitarbeitenden im Unternehmen.
- … wissen um die Notwendigkeit einer klar struktu-
  rierten Maßnahme.
- … kennen das Instrument Mentoring und wissen, wie
  es genutzt werden kann.
- … sind für das Unternehmen eine relativ kostengüns-
  tige Lösung, da sie vor Ort tätig sind.
- … haben teilweise Insider-Wissen über persönliche
  oder berufliche Probleme der MitarbeiterInnen.
- … können sich vorstellen, wer mit wem warum ein
  gutes Tandem bilden könnte.

Dieses Wissen der PersonalerInnen kann sich jedoch
auch als Hindernis darstellen, weil der notwendiger-
weise neutrale Blick auf die potenziellen Mentees und
MentorInnen dadurch verstellt sein kann.

Unterstützung durch externe ExpertInnen

Bei der Implementierung eines internen Mentoring-
Programms kann die – zumindest teilweise – Unterstützung externer ExpertInnen sehr sinnvoll sein. Da
die Mitglieder der Projektgruppe im selben Unterneh-

men tätig sind wie die TeilnehmerInnen am Mentoring und damit im weitesten Sinne deren KollegInnen, ist eine neutrale Bewertung der Eignung und das spätere Zusammenstellen der Tandems aus rein sachlicher Perspektive sehr schwierig.

MitarbeiterInnen der Personalabteilung wissen in den meisten Fällen mehr als andere KollegInnen über die potenziellen Mentees. Sie wissen, ob jemand verheiratet, geschieden oder ledig ist. Sie kennen den Krankenstand und sind häufig auch in private Themen wie Trennung oder zu pflegende Angehörige involviert. Dieses Wissen sorgt im Berufsalltag für Verständnis, steht einer neutralen Betrachtung jedoch im Weg. Tatsächliche oder vermeintliche Sympathien oder Antipathien („Die aus der Buchhaltung verstehen sich gar nicht mit den KollegInnen aus dem Marketing!") verstellen den Blick auf die für das Mentoring relevanten Themen.

Auswahlverfahren für internes Mentoring

Nachdem das Unternehmen sich – ggf. in Zusammenarbeit mit der Projektgruppe und/oder externen ExpertInnen – auf die Zielgruppe und die Anzahl der Tandems geeinigt hat, ist der nächste Schritt das Auswahlverfahren. Wesentlich im Mentoring ist die Freiwilligkeit aller Teilnehmenden, insbesondere der Mentees. Durch ein Bewerbungsverfahren ist neben der Freiwilligkeit auch die Motivation der potenziellen Mentees gewährleistet. Bewährt haben sich verschiedene Instrumente, die ggf. kombiniert werden können:

- eine Informationsveranstaltung für alle potenziell geeigneten MitarbeiterInnen
- eine schriftliche Bewerbung, die von der Projektgruppe oder unabhängigen ExpertInnen beurteilt wird
- ein Assessment-Center, in dem alle Interessierten ihre Eignung und Motivation darstellen können (ggf. mit externer Unterstützung)
- ein persönliches, ausführliches Interview mit den KandidatInnen, die grundsätzlich für die Maßnahme geeignet sind
- eine Matrix, mit deren Hilfe mögliche Verbindungen zwischen Mentees und MentorInnen erkannt werden können, die sonst nicht deutlich geworden wären (z. B. eine Zusammenarbeit in der Vergangenheit)
- ein Profil, das anhand der vorliegenden Informationen (Bewerbung, Interview etc.) über die potenziellen Mentees erstellt wird und in dem Motivation, Eignung, evtl. Alternativen und Ausschlusskriterien (in Bezug auf potenzielle MentorInnen) vermerkt werden

Anhand dieses Vorgehens wird deutlich, warum für Teile des Mentorings eine externe Begleitung hilfreich sein kann. Es ist nicht auszuschließen, dass auch die professionellsten, besten und erfahrensten PersonalerInnen sich nicht von ihren – zutiefst subjektiven – Eindrücken frei machen können. Das sehr hilfreiche Wissen über Personen oder Abteilungen hilft in der täglichen Kommunikation und Projektplanung. Im Mentoring steht es eher im Weg, weil so viele Mentee-MentorIn-Konstellationen gar nicht bedacht bzw. im Vorfeld ausgeschlossen werden.

Das Matching bei internen Programmen

Das Matching ist eine der größten Herausforderungen im Mentoring. Die Zusammenstellung der Tandems, die im Durchschnitt ca. 12 Monate in einem intensiven, ehrlichen und vertrauensvollen Austausch miteinander verbringen sollen, erfordert viel Fingerspitzengefühl und Expertise. Die MentorInnen sollen die Mentees fordern, aber nicht überfordern. Die Mentees sollen ihre Komfortzone verlassen und neue Blickwinkel einnehmen, zeitgleich aber ihrer originären Tätigkeit nachgehen und die geforderten Leistungen erbringen. Im Mittelpunkt des Auswahlverfahrens stehen die durch Bewerbung, Assessment-Center oder Interview identifizierten Ziele und die Persönlichkeit der Mentees. Was soll am Ende des Programms erreicht sein? Gibt es aktuelle Konflikte, die begleitet werden sollen? Ist bereits ein weiterer Karriereschritt geplant und wird Unterstützung auf dem Weg benötigt? Ist das Thema die Vereinbarkeit von Familie und Beruf? Oder die Stärkung des eigenen Auftretens? Je genauer diese Fragen geklärt sind, umso größer ist die Chance, das passende Pendant zu finden.

Denken Sie beim Matching-Prozess an eine Partnerbörse, dann haben Sie eine ungefähre Vorstellung. Wie bei der Partnerwahl gilt auch beim Matching, dass in den meisten Fällen nicht 100 Prozent des gewünschten Profils erfüllt werden. Das bedeutet nicht, dass die Wünsche der Mentees nicht berücksichtigt werden, sondern dass professionelle Mentoring-ExpertInnen darauf achten, dass es etwas gibt, was wir „konstruktive Unähnlichkeit" nennen. Bei aller notwendigen Sympathie und Harmonie braucht es im Tandem eine gewisse Reibung, damit der Austausch über „sehr harmonische Gespräche" hinausgeht und die Mentees ihre definierten Ziele gemeinsam mit den MentorInnen erreichen. Denn im Gegensatz zu der erwähnten Partnervermittlung ist das Mentoring bereits im Vorfeld zeitlich limitiert, die Partner müssen also zeitnah mit der Arbeit beginnen.

Frau – Mann, Frau – Frau oder Mann – Mann?
Eine weitere Entscheidung, die Unternehmen und Projektgruppe treffen müssen, ist die Zusammenstellung der Tandems anhand des Geschlechts. Möglich sind gleichgeschlechtliche („same gender") oder gemischtgeschlechtliche („cross gender") Tandems. Welche Kombination geeignet ist, lässt sich nicht grundsätzlich beantworten.
Eine Hilfestellung kann die Wahl der Zielgruppe sein: Stehen z. B. Themen wie „Väter in Elternzeit" im Fokus, ist eine Mann-Mann-Kombination sinnvoll. Hier agiert der Mentor als Rollen-Modell, eine Mentorin wäre – auch bei ansonsten perfekter Eignung – nicht die richtige Wahl. Die Zielsetzung „Mehr Frauen in Führungspositionen" erfordert dagegen nicht zwingend Mentorinnen für die Mentees. In diesem

Fall kann, trotz der Zielgruppe „Frauen", ein männlicher Ansprechpartner die richtige Wahl sein. Ein Mentor kann z. B. die Wirkung der Mentee aus männlicher Sicht beurteilen bzw. männliche Verhaltensweisen erklären.

Win-win-win durch internes Mentoring

Mentoring ist generell eine Win-win-Situation für Mentees und MentorInnen. Von dem intensiven Austausch profitieren alle Teilnehmenden des Programms. Ein weiteres „Win" entsteht in diesem Fall für das Unternehmen, das durch die Durchführung eines solchen Programms die PotenzialträgerInnen im Unternehmen identifizieren und sich gleichzeitig als attraktiver Arbeitgeber positionieren kann.

Internes Mentoring ist die ideale Maßnahme, um Mentees eine größere Sichtbarkeit im Unternehmen zu ermöglichen. Die Ziele des Unternehmens und der Mentees müssen im Vorfeld genau definiert werden, um ein optimales Ergebnis zu erreichen. Eine Unterstützung durch externe ExpertInnen ist oft sinnvoll.

1.3 Cross-Mentoring

Cross-Mentoring ist eine Alternative zu internem Mentoring. Die Gründe, sich für diese Form zu entscheiden, sind vielfältig: Es sollen nur einzelne MitarbeiterInnen im Unternehmen gefördert werden, das Unternehmen ist zu klein für ein internes Programm oder wünscht sich für die MitarbeiterInnen einen Austausch mit einer externen Führungskraft – dies ist häufig in Unternehmen mit einer sehr langen Betriebszugehörigkeit der Fall. MitarbeiterInnen aus sensiblen Bereichen wie der Revision oder Personalabteilung wiederum sind in einem Cross-Mentoring-Programm eher in der Lage, ihre persönlichen Themen zu besprechen.

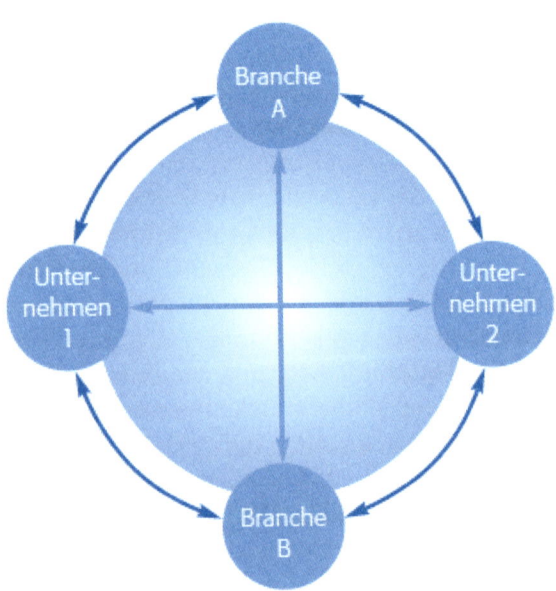

Abb. 2: Unternehmensübergreifendes Netzwerk durch Cross-Mentoring

Cross-Mentoring erfordert immer die Hilfe von externen ExpertInnen, da hier unternehmensübergreifende Kontakte und Detailinformationen notwendig sind, um ein erfolgreiches Tandem zusammenzustellen. Mentees, die an einem solchen Programm teilnehmen, erweitern ihr Netzwerk außerhalb des Unternehmens. Besonders wichtig ist auch hier die professionelle Begleitung der Mentees und MentorInnen. Themen wie Vertraulichkeit der Gespräche, Abwerbeverbot, Netzwerkveranstaltungen oder Feedbackgespräche werden in der Zusammenarbeit mit externen ExpertInnen im Detail besprochen.

Chancen und Grenzen im Cross-Mentoring

Die Vorteile des Cross-Mentorings lassen sich ebenfalls gut aufzeigen. Gerade weil Mentees und MentorInnen nicht aus dem gleichen Unternehmen kommen, ist ein offener und unverstellter Blick auf die Themen der Mentees möglich. Die MentorInnen können sich unvoreingenommen auf die Inhalte konzentrieren, von denen die Mentees berichten. Aufgrund der Tatsache, dass es keine beruflichen Gemeinsamkeiten gibt, können die MentorInnen zuhören, ohne dass eigene Erfahrungen oder Vorurteile ihre Wahrnehmung beeinträchtigen. Die Mentees können auch über persönliche Konflikte offen sprechen, da die MentorInnen die handelnden Personen nicht kennen. Darüber hinaus ist es ein Mehrwert für beide Seiten, andere Unternehmenskulturen kennenzulernen und – im besten Fall – die Attraktivität des eigenen Arbeitgebers zu erkennen. Besonders bei Mentees in großen Unternehmen mit langer Betriebszugehörigkeit stellt sich häufig eine Art „Betriebsblindheit" im Hinblick auf Möglichkeiten ein, die der Arbeitgeber bietet.

Es gibt jedoch auch Situationen, in denen ein Cross-Mentoring nicht sinnvoll ist. Wieder kann das sowohl im persönlichen Bereich der Mentees als auch in der Unternehmensorganisation begründet sein. Beispiele hierfür sind:

- Mentees, deren Ziel die Sichtbarkeit im Unternehmen ist
- Mentees, die durch das Mentoring Unternehmen und Unternehmenskultur besser verstehen wollen
- Mentees, die zu unterrepräsentierten Personengruppen im Unternehmen gehören (z. B. Frauen in Führungspositionen) und als Vorbild bzw. MultiplikatorIn im Unternehmen fungieren sollen
- Mentees, die gerade eine neue Position übernommen haben und neben der fachlichen Einarbeitung professionelles Feedback benötigen, für das Kenntnisse der Unternehmenskultur und -organisation notwendig sind

Wann ist Cross-Mentoring empfehlenswert?
Cross-Mentoring ist die ideale Personalentwicklungsmaßnahme für MitarbeiterInnen kleinerer Unternehmen, für Unternehmen, die kein eigenes internes Programm durchführen können oder möchten, oder

Personen, die in sensiblen oder vorstandsnahen Positionen arbeiten. Cross-Mentoring ermöglicht einen weiten Blick über den eigenen „Unternehmens-Tellerrand" hinaus.

Vorbereitung des Cross-Mentorings

Während im internen Mentoring im Unternehmen beide Teilnehmenden des Tandems (Mentee und MentorIn) bekannt sind, sind im Cross-Mentoring die MentorInnen der Personalabteilung und auch den Vorgesetzten der Mentees nicht bekannt. Das kann zu Unsicherheiten führen:

- Wie sollen die Mentees in den Gesprächen mit sensiblen Themen umgehen?
- Was passiert, wenn Mentee und MentorIn sich so gut verstehen, dass es zu einer Abwerbung der Mentees kommt?
- Welche Informationen können/dürfen die MentorInnen über das eigene Unternehmen preisgeben?
- Wie offen können die Mentees über Konflikte im Team bzw. mit Vorgesetzten kommunizieren?

Die Erfahrung zeigt, dass diese Befürchtungen in den meisten Fällen zwar nicht gerechtfertigt sind, aber zu Beginn jedes Cross-Mentoring-Programms benannt werden sollten. Klarheit und Sicherheit für alle Beteiligten bringen hier schriftliche Vereinbarungen, in denen die angesprochenen Themen geklärt werden. Diese Vereinbarungen können und sollen an die jeweilige

Unternehmenskultur angepasst werden, notwendig sind jedoch Absprachen über:

- die Vertraulichkeit der Gesprächsinhalte vonseiten der Mentees und MentorInnen, insbesondere was Unternehmensinterna und persönliche Informationen angeht
- ein Abwerbeverbot für einen Zeitraum von zwei Jahren (diese Vereinbarung ist rechtlich nicht bindend, sollte mit den Teilnehmenden jedoch vor Beginn des Programms besprochen werden)
- den Ort, an dem die Mentoring-Gespräche stattfinden sollen
- die Dauer der geplanten Gespräche
- die Abstände, in denen sich das Tandem treffen möchte
- individuelle Vereinbarungen, z. B. zu zwischenzeitlichen Telefonaten oder der Kontaktaufnahme per Mail

Abwerbeverbot im Cross-Mentoring

Wie bereits erwähnt, ist das Abwerbeverbot in einer solchen Vereinbarung rechtlich nicht bindend für die Tandems. Sollte es zu einem Wechsel des Unternehmens bzw. einer Kündigung durch den/die Mentee kommen, lässt sich nicht verhindern, dass eine Beschäftigung im Unternehmen des Mentors/der Mentorin stattfindet. Die Erfahrung zeigt jedoch, dass

- die Mentees die Wertschätzung, die ihnen das Unternehmen durch die Teilnahme am Cross-Mentoring-Programm entgegenbringt, wahrnehmen,

- die Attraktivität des eigenen Arbeitgebers sich durch dieses Angebot erhöht und
- die MentorInnen sich ihrer verantwortungsvollen Position bewusst sind und vorsichtig mit evtl. Veränderungswünschen der Mentees umgehen.

Trotz aller Vereinbarungen, Absprachen und Erfahrungen kann es natürlich vorkommen, dass ein(e) Mentee durch das Cross-Mentoring zu der Entscheidung kommt, das Unternehmen zu verlassen. Hier kann die Teilnahme an dem Programm möglicherweise als Auslöser gesehen werden, der die Entscheidung zu kündigen forciert hat. Diese Entwicklung ist weder planbar noch vorhersehbar, sollte jedoch in Bezug auf das Cross-Mentoring nicht überbewertet werden. Denn zur Erkenntnis, die eigenen Ziele im Unternehmen nicht durchsetzen zu können, bzw. zur Entwicklung eines Änderungswunschs kann es ebenso gut durch ein internes Mentoring – oder ohne jeden Einfluss von außen – kommen. Sowohl die Erfahrung als auch die Literatur zeigen, dass MitarbeiterInnen eher zu Kündigungen neigen, wenn keine Unterstützung ihrer beruflichen Ambitionen erfolgt.

Welches Mentoring-Programm ist das richtige?

Hilfreich für die Wahl des richtigen Programms ist die grundsätzliche Unterscheidung der Ziele:
- Internes Mentoring sorgt für eine höhere Sichtbarkeit im Unternehmen, erhöht das interne Netz-

- werk und die Kenntnisse über die Unternehmenskultur.
- Cross-Mentoring ermöglicht einen Blick über den
  „Unternehmens-Tellerrand", eine neue Bewertung
  des eigenen Unternehmens und die Bildung eines
  unternehmensübergreifenden Netzwerks.

30 *Um ein erfolgreiches internes Mentoring-Programm im Unternehmen zu implementieren oder
Erfolge im Cross-Mentoring zu erreichen, ist die
Akzeptanz und Unterstützung aller Beteiligten
wichtig:*

- *Das Unternehmen muss die eigenen Ziele deutlich klären und kommunizieren, um die richtigen Personen im Programm zu fördern – und
  die anderen Mitarbeitenden darüber zu informieren.*
- *Die Mentees müssen eine hohe Motivation haben, um während des Programms die Gespräche mit den MentorInnen, die Vor- und Nachbereitung der Termine und evtl. Workshops zu-
  sätzlich zum normalen Arbeitsalltag zu
  bewältigen.*
- *Die MentorInnen müssen sich auf ihre neue
  Aufgabe einlassen, Gespräche auf Augenhöhe
  mit den Mentees zu führen, das heißt, nicht
  weisungsbefugt zu sein und von den Mentees
  Feedback zu bekommen.*

Die Projektgruppe kann so die jeweiligen Personen bzw. Personengruppen optimal auf ihre jeweilige Rolle vorbereiten. Je besser die Kommunikation und Rollenklärung im Vorfeld verläuft, umso größer ist die Chance auf ein erfolgreiches Mentoring-Programm.

30 MINUTEN

2. Aufgaben im Mentoring

Unabhängig von der Wahl des Mentoring-Programms, d. h. internes oder Cross-Mentoring, ist es sowohl für Mentees als auch für MentorInnen wichtig zu wissen, was von ihnen erwartet wird. Die Projektgruppe bzw. die externen ExpertInnen haben im Vorfeld alles getan, um ein ideales Tandem zusammenzustellen. Jetzt liegt es an den Tandems, wie erfolgreich ihr Mentoring wird. Eine klar definierte Rollenklärung ist eine wichtige Voraussetzung, damit beide sich in ihren Rollen als Mentee und MentorIn gut und wohlfühlen. Auch erfahrene Führungskräfte, die als MentorInnen eingesetzt werden, haben in dieser für sie neuen Position Fragen, die vor oder zu Beginn des Mentorings geklärt werden sollten, damit das Tandem gut in den Prozess starten und die Zeit des Programms optimal nutzen kann.

2.1 Ihre Rolle als Mentee

Sie möchten an einem Mentoring-Programm teilnehmen oder wurden von Ihrem Unternehmen bereits als Mentee benannt? Dann liegt eine spannende, aufregende und anstrengende Zeit vor Ihnen. Sie sind als PotenzialträgerIn im Unternehmen wahrgenommen worden und haben jetzt die Möglichkeit, für den gesamten Programm-Zeitraum im Gespräch Tipps und Ratschläge von Ihrem Mentor/Ihrer Mentorin zu bekommen.

Die Verantwortung für den Erfolg der Tandem-Partnerschaft liegt primär bei Ihnen als Mentee und wird als „Holschuld" bezeichnet. Ihr Mentor bzw. Ihre Mentorin stellt Ihnen Wissen, Erfahrung und Zeit zur Verfügung – was und wie viel Sie davon nutzen, entscheiden Sie.

Das bedeutet unter anderem, dass Sie verantwortlich sind für:

- die Terminvereinbarung (und -einhaltung!) in Absprache mit Ihrem Mentor/Ihrer Mentorin
- die inhaltliche Vorbereitung der Termine (bereiten Sie konkrete Fragen oder Themen vor, die Sie mit Ihrem Mentor/Ihrer Mentorin besprechen möchten)
- die Nachbereitung der Termine (Welche Tipps haben Sie bekommen? Sollten Sie etwas umsetzen? Welche Gedanken hatten Sie nach dem Gespräch? Was hat sich verändert?)

Planen Sie Ihre Teilnahme am Programm!

Im Idealfall sind Sie durch die Projektgruppe und/oder externe ExpertInnen intensiv auf Ihr Mentoring-Programm vorbereitet worden. Ihnen wurden die Chancen und Möglichkeiten aufgezeigt, die sich Ihnen im Laufe des Programms bieten. Dass ein Mentor/eine Mentorin persönliches Wissen und seinen/ihren Erfahrungsschatz, darunter eventuell auch persönliche gute und nicht so gute Erfahrungen, mit Ihnen teilt, ist ein Geschenk.

Um diese Zeit und dieses Geschenk der MentorInnen optimal zu nutzen, sollten Sie sich bereits im Vorfeld genaue Gedanken machen, was Sie von Ihrer Teilnahme am Mentoring-Programm, das im Normalfall ein Jahr dauert, erwarten. Die MentorInnen erklären sich mit der Übernahme der Tätigkeit bereit, Ihnen eine gemeinsam definierte Zeit für persönliche Gespräche zur Verfügung zu stellen (in der Regel finden die persönlichen Treffen alle 4 bis 6 Wochen statt und dauern ca. 1½ bis 2 Stunden) und Ihnen als GesprächspartnerIn zur Verfügung zu stehen.

Je genauer Sie als Mentee Ihre Wünsche und Ziele definieren, umso mehr kann Sie Ihr Gegenüber auf Ihrem Weg unterstützen. Bitte beachten Sie: Sie als Mentee sagen, wo das Ziel ist. Wollen Sie den nächsten Karriereschritt machen? Ihr Auftreten optimieren? Ihre Life-Balance verbessern? Ihre Ziele und ggf. die Priorisierung dieser Ziele kennen nur Sie. Helfen Sie Ihrem Mentor/Ihrer Mentorin, Ihnen zu helfen, indem Sie Ihre Wünsche klar formulieren.

Trauen Sie sich, „groß" zu denken. Was ist das Beste, das Sie zum Ende des Programms erreicht haben könnten? Hierbei geht es um Ihre ganz persönliche Idealvorstellung, die nicht zwingend am Ende des Programms der Realität entsprechen muss. Sinn dieses Gedankenspiels ist, dass Sie sich Ihre Wünsche bewusst machen, die in den meisten Fällen im Alltag gar nicht wahrgenommen oder sofort als unrealistisch verworfen werden. Überlegen Sie, wie und wodurch Ihr Mentor/Ihre Mentorin Sie hier unterstützen kann. Nutzen Sie neben den persönlichen Gesprächen auch andere Möglichkeiten, die sich Ihnen bieten:

- Dürfen Sie Ihren Mentor/Ihre Mentorin auf einen interessanten Termin begleiten?
- Gibt es jemanden, den Sie gerne kennenlernen würden, aber nicht wissen, wie? Evtl. kann Ihr Mentor/Ihre Mentorin den Kontakt herstellen?
- Haben Sie einen wichtigen Termin, eine Präsentation o. Ä.? Üben Sie im Vorfeld Ihren Auftritt mit Ihrem Mentor/Ihrer Mentorin und lassen Sie sich ein offenes Feedback geben.

Einbinden der Führungskraft

Trotz der Teilnahme am Mentoring sind Sie primär MitarbeiterIn des Unternehmens. Um Unklarheiten und Missverständnisse zu vermeiden, ist es sinnvoll, zumindest die direkte Führungskraft über Ihre Teilnahme an dem Programm ausführlich zu informieren. Wie viel (inhaltliche) Informationen Sie ihr geben möchten, ist

Ihre persönliche Entscheidung. Viele Führungskräfte haben die Befürchtung, dass es in den Mentoring-Gesprächen primär um sie, d. h. ihren Führungsstil, eventuelle Konflikte etc., geht. Im ungünstigsten Fall stellen Vorgesetzte ihren Mentees Hindernisse in den Weg. Da werden spontane Meetings anberaumt, wenn ein Treffen mit dem Mentor/der Mentorin im Kalender steht. Oder Termine werden so kurzfristig gesetzt, dass neben der Arbeit weder Zeit noch Energie für die Mentoring-Beziehung bleiben. In vielen Fällen entspringt dieses Verhalten der Unsicherheit der Vorgesetzten und kann durch Offenheit und Transparenz vermieden werden.

Ihre Aufgaben als Mentee

Nehmen Sie sich am besten bereits vor Beginn des Programms genug Zeit, um Ihre ganz persönlichen Ziele und die Hilfe, die Sie sich auf dem Weg dorthin erhoffen, zu definieren.

1. Vor Beginn des Programms:
- Wo stehen Sie jetzt in Ihrer Abteilung/im Unternehmen?
- Wie werden Sie von KollegInnen bzw. Vorgesetzten wahrgenommen?
- Sorgen Sie für Transparenz: Teilen Sie Ihrer Führungskraft und ggf. Ihren KollegInnen mit, dass Sie an dem Programm teilnehmen.
- Haben Sie eine Vorstellung, wie Ihr weiterer (Karriere-)Weg aussehen soll?

- Welche Art der Unterstützung benötigen Sie dafür bzw. was kann Ihnen helfen?

2. Zu Beginn des Programms:
- Informieren Sie Ihren Mentor/Ihre Mentorin über Ihre Ziele und Vorstellungen.
- Planen Sie gemeinsam, welche Themen Sie zusammen erarbeiten wollen.
- Priorisieren Sie Ihre Themen und beginnen mit dem Wichtigsten.
- Setzen Sie sich Teilziele (Meilensteine) über das gesamte Programm. Das ermöglicht eine Kontrolle über das bisher Erreichte und kann motivieren.
- Vereinbaren Sie regelmäßige Treffen und legen Sie Ihre gemeinsamen Rahmenbedingungen in Bezug auf Ort, Dauer und Form der Treffen fest.

3. Nach ca. sechs Monaten des Programms:
- Überprüfen Sie gemeinsam mit Ihrem Mentor/Ihrer Mentorin die bisher erreichten Ziele.
- Aktualisieren Sie die erstellte Liste, priorisieren Sie neu. Haben sich Themen verändert? Sind evtl. neue Ziele dazugekommen?
- Sind Sie zufrieden mit dem bisher Erreichten?
- Was möchten Sie in der verbleibenden Zeit noch erreichen?

4. Zum Ende des Programms:
- Ziehen Sie Ihr persönliches Fazit: Was haben Sie in

diesem Zeitraum erreicht? In welchen Bereichen haben Sie sich verändert, etwas Neues ausprobiert oder Erfolge erzielt?

- Vereinbaren Sie einen Abschlusstermin mit Ihrem Mentor/Ihrer Mentorin, teilen Sie Ihre Erfolge, besprechen Sie, was evtl. noch an Zielen offen ist, und klären Sie gemeinsam, ob und wie Sie weiterhin im Kontakt bleiben werden.
- Bedanken Sie sich für die bisherige Unterstützung bzw. Begleitung Ihres Mentors/Ihrer Mentorin.

5. Nach dem Ende des Programms:
- Verdeutlichen Sie sich, was Sie während des Programms schon erreicht haben.
- Nutzen Sie Ihr (erweitertes) Netzwerk.
- Falls das Programm nicht von der Projektgruppe evaluiert wird, geben Sie ein Feedback an Ihre Führungskraft und die Projektgruppe, teilen Sie Ihre Erfahrungen mit.
- Vergleichen Sie Ihre jetzige Situation mit der zum Start des Mentoring-Programms und seien Sie stolz auf das, was Sie bisher erreicht haben.

Blind Date – das erste Gespräch

Egal, ob Sie an einem internen Programm oder einem Cross-Mentoring-Programm teilnehmen – einer der spannendsten und aufregendsten Momente ist sicherlich der des Kennenlernens und des ersten Gesprächs. Wenn Sie sich im Rahmen der Auftaktveranstaltung bereits als Tandem vorgestellt wurden, haben Sie ein erstes Bild und einen ersten Eindruck von der Person, die Sie jetzt über den Projektzeitraum begleiten wird. Ihnen sind der Name, das Geschlecht, eventuell das Alter und die Position des Mentors/der Mentorin bekannt, Sie haben ein paar erste Worte gewechselt und einen Termin vereinbart.

Die Erfahrung zeigt, dass beide Seiten, also Mentees und MentorInnen, diesem ersten Gespräch mit großer Spannung und Neugierde entgegensehen. Häufig sagen Teilnehmende: „Das war fast so, als ob wir ein Blind Date gehabt hätten!“ Um besonders Ihnen als Mentee die Aufregung zu nehmen, folgen nun ein paar Hinweise für das Erstgespräch und den Weg dorthin. Diese Punkte gelten selbstverständlich nicht nur für das allererste Gespräch, sondern sollen Ihnen auch für die folgenden Termine Sicherheit geben.

Melden Sie sich zeitnah.
Wenn Sie Ihre(n) MentorIn bereits auf der Auftaktveranstaltung kennengelernt haben, haben Sie vermutlich dort schon einen Termin vereinbart. Falls dies in der Aufregung untergegangen ist, melden Sie sich zeitnah mit der Bitte um Terminvorschläge.

Gleiches gilt, falls Ihr(e) MentorIn auf der Auftaktveranstaltung verhindert war: Rufen Sie zeitnah an bzw. schreiben Sie eine Mail. Nach der Auftaktveranstaltung sollte nicht zu viel Zeit bis zu Ihrem ersten Treffen vergehen, im Idealfall nicht mehr als 14 Tage.

Stellen Sie sich bei dem/der AssistentIn vor.

Falls es eine(n) AssistentIn oder jemanden im Vorzimmer Ihres Mentors/Ihrer Mentorin gibt: Stellen Sie sich dort, gerne persönlich, vor. Das ist nicht nur respektvoll und höflich, sondern kann Ihnen auch sprichwörtlich Türen öffnen. Die Chance auf kurzfristige Gesprächstermine oder einen Rückruf steigen, wenn Sie der anderen Person freundlich und auf Augenhöhe entgegentreten und nicht überheblich wirken („Ich habe einen Termin mit Ihrem Chef!").

Bieten Sie an, Ihre Bewerbung zu lesen.

Falls Sie sich für die Teilnahme am Mentoring-Programm schriftlich beworben haben, fragen Sie Ihren/Ihre MentorIn, ob er/sie Interesse daran hat, Ihre Bewerbung im Vorfeld zu lesen.

Spielen Sie das Gespräch in Gedanken durch.

Was würde Sie interessieren, wenn Sie der andere Part des Gesprächs wären?

Zeigen Sie auch Interesse an Ihrem Gegenüber.

Fragen Sie z. B. nach dem Werdegang, beruflichen Erfolgen und der Motivation zur Teilnahme am Programm. Zwar stehen Sie als Mentee und Ihre Themen im Mittelpunkt, häufig sind Tipps der MentorInnen jedoch besser zu verstehen, wenn man die kausalen Zusammenhänge kennt.

Erklären Sie, warum Sie hier sind.

Skizzieren Sie kurz Ihren eigenen Werdegang und Ihre Motivation zur Teilnahme am Programm.

Benennen Sie die für Sie relevanten Themen: Was möchten Sie am Ende des Programms unbedingt erreicht haben? Klarheit in Bezug auf die weitere Karriereplanung? Ein größeres Netzwerk? Eine Verbesserung der Vereinbarkeit von Familie und Beruf? Je genauer Sie Ihre Wünsche artikulieren, umso besser weiß Ihr Gegenüber, was er/sie dazu beitragen kann.

Klären Sie den Ablauf und die Rahmenbedingungen.

Besprechen Sie gemeinsam, wie Sie die Termine gestalten wollen und welche Vorbereitung von Ihnen erwartet wird. Möchte Ihr(e) MentorIn im Vorfeld eine Agenda für das geplante Gespräch? Eine Zusammenfassung dessen, was Sie zusammen in den Terminen erarbeitet haben? Oder bestimmen Sie die Themen spontan am Anfang Ihres Treffens?

Vereinbaren Sie die grundsätzlichen Rahmenbedingungen für den Programm-Zeitraum. Wo finden die Treffen statt? Grundsätzlich im Büro des Mentors/der Mentorin? Nur während der Arbeitszeit? Sind gemeinsame Mittagessen, ein Besuch am Arbeitsplatz oder Telefonate zwischen den Gesprächsterminen erwünscht?

Teilen Sie Ihre Wünsche mit.

Gibt es etwas, was Sie sich außerhalb der Gespräche wünschen? Die Teilnahme an einer Veranstaltung, das

Kennenlernen bestimmter Personen? Teilen Sie auch diese Wünsche mit, nur dann können Sie feststellen, ob sich etwas davon realisieren lässt.

Machen Sie sich Notizen.
Machen Sie sich Notizen zu dem, was Sie besprochen haben. Gerade in den ersten Gesprächen ist die Aufregung so groß, dass häufig danach gar nicht mehr klar ist, welche Absprachen getroffen wurden oder was man Ihnen mitgeteilt hat. Im Laufe der Gespräche werden sich eine gewisse Routine und Normalität einstellen, aber auch für Ihre eigene Dokumentation ist es sinnvoll, Gesprächsinhalte kurz zu notieren. So können Sie zum Ende des Programms feststellen, welche Themen Sie gemeinsam besprochen haben und wo es evtl. noch Handlungsbedarf gibt.

Planen Sie genug Zeit für die Gespräche ein.
Dies gilt besonders für die ersten Termine, die erfahrungsgemäß mit Aufregung und Nervosität einhergehen. Falls es die Möglichkeit gibt, legen Sie die Termine so, dass Sie danach nicht direkt zurück an Ihre Arbeit gehen müssen. Das, was Sie im Tandem besprechen, wirkt nach, es kommen weitere Fragen oder Gedanken – und es ist schade, wenn diese sofort im Alltag untergehen. Falls Sie sich nicht am gleichen Ort wie Ihr Mentor/Ihre Mentorin befinden, nutzen Sie die Reisezeit zur Reflexion. Steigen Sie nicht sofort in die nächsten Aufgaben und Themen ein, sondern gönnen Sie sich

eine Pause. Mentoring ist anstrengend, besonders für Sie als Mentee!

> **Organisatorisches**
> Je nach Art (internes oder Cross-Mentoring) und Anzahl der Teilnehmenden empfiehlt sich ein ca. ½-tägiger Einführungsworkshop. Hier können sich die Mentees persönlich kennenlernen, offene Fragen klären und ihre Erwartungen miteinander abgleichen. Die Projektgruppe hat hier die Möglichkeit, noch einmal die Rahmenbedingungen des Programms und eventuelle Begleitprogramme vorzustellen. Mentees, die gut auf ihre Rolle vorbereitet wurden, kommen schneller und besser ins Gespräch mit ihren MentorInnen. Weiterhin ist es ein wichtiger erster Schritt für das Netzwerk der Mentees untereinander.

Als Mentee wird Ihnen die Teilnahme an einer sehr wertschätzenden und erfolgreichen Personalentwicklungsmaßnahme ermöglicht – nutzen Sie Ihre und die Zeit Ihres Mentors/Ihrer Mentorin sinnvoll.

2.2 Ihre Rolle als MentorIn

Sie wurden von Ihrem Unternehmen angesprochen, die Rolle des Mentors/der Mentorin für eine(n) Mentee innerhalb des Unternehmens zu übernehmen? Oder stellen sich als MentorIn für ein Cross-Mentoring-Programm zur Verfügung? Herzlichen Glückwunsch!

Sie sind im Unternehmen als erfahrene (Führungs-) Kraft wahrgenommen worden, der man diese wichtige und verantwortungsvolle Aufgabe zutraut! Im Normalfall werden Sie für Ihre Tätigkeit als MentorIn nicht bezahlt. Umso wichtiger, dass ganz deutlich ist, dass es sich nicht um eine Art „Ehrenamt" handelt, das Sie „nebenbei erledigen", sondern um eine sehr vielversprechende, individuelle Personalentwicklungsmaßnahme, von der Sie als MentorIn ebenso profitieren wie die Mentees, wenn auch auf einer anderen Ebene.

Als MentorIn müssen Sie neben den individuellen, je nach Unternehmen geforderten Parametern (z. B. eine bestimmte Betriebszugehörigkeit oder Hierarchieebene) auch persönliche Voraussetzungen erfüllen. Sie sollten in der Lage sein, selbstbewusst und reflektiert auf die bisherigen Erfahrungen Ihres Berufslebens zurückzublicken. Mentoring kann nur gelingen, wenn die MentorInnen ihre eigene Position reflektieren, auch was Probleme oder Misserfolge auf dem Karriereweg angeht. Potenzielle MentorInnen, die mit der eigenen Karriere nicht zufrieden sind, werden in der Regel für die Mentees nicht in der notwendigen Form wohlwollend unterstützend tätig sein können.

Unterstützen Sie Ihre(n) Mentee!

„Man muss Menschen mögen!" ist eine weitere Voraussetzung für das Mentoring, ganz besonders für Sie als MentorIn. Jemanden an den eigenen Erfahrungen teilhaben zu lassen, einen (jüngeren) Menschen ein Stück auf dem Weg der beruflichen und persönlichen Entwicklung zu begleiten, intensiv über Erfolge und Misserfolge zu sprechen, ist eine große Verantwortung. Wie können Sie Ihre(n) Mentee unterstützen?

Im persönlichen Gespräch:
- Lassen Sie sich Ziele und Wünsche Ihres Mentees/ Ihrer Mentee schildern.
- Überlegen Sie gemeinsam, wie und wodurch Sie Ihre(n) Mentee unterstützen können.
- Lassen Sie Ihre(n) Mentee an Ihren eigenen (positiven wie negativen) Erfahrungen teilhaben.

Kenntnisse z. B. im „Aktiven Zuhören" oder der „Wertschätzenden Kommunikation" können im Mentoring sehr hilfreich sein, sind jedoch keine Voraussetzung für eine Tätigkeit als MentorIn. Hilfreich ist, den Mentees Zeit und Raum zu geben, ihre Themen zu schildern, ihnen zuzuhören, ohne zu kommentieren oder zu werten. So erleben Sie die Faszination dieser Kommunikation.

Durch praktische Unterstützung:
- Nehmen Sie Ihre(n) Mentee mit zu Ihren eigenen Terminen, so kann er/sie Sie in Ihrer originären Funktion erleben.
- Geben Sie Ihrem/Ihrer Mentee die Möglichkeit, eigene Vorträge, Präsentationen o. Ä. zu üben: Geben Sie Feedback und machen Sie evtl. Verbesserungsvorschläge.

Durch das Teilen Ihres Netzwerks:

- Lassen Sie Ihre(n) Mentee an Ihren eigenen Kontakten teilhaben.
- Falls Sie eine Frage nicht klären können: Geben Sie sie in Ihr Netzwerk („Sharing is caring").
- Nehmen Sie Ihre(n) Mentee mit auf Veranstaltungen Ihres Netzwerks bzw. Ihrer Kontakte.

Selbstverständnis als MentorIn

Wenn Sie gebeten werden, die Aufgabe eines Mentors/ einer Mentorin zu übernehmen, kommen neben der Freude häufig auch Zweifel auf, was genau von Ihnen erwartet wird.

Als MentorIn sind Sie für Ihre(n) Mentee im Idealfall:

- GesprächspartnerIn auf Augenhöhe, ohne Weisungsbefugnis
- SparringspartnerIn, um neue Verhaltensweisen zu üben
- FeedbackgeberIn, offen, konstruktiv und hilfreich
- Mut-MacherIn, wenn es darum geht, die Komfortzone zu verlassen und sich auf Neues einzulassen

MentorInnen sind keine Coaches, Mentoring ist kein Coaching! Auch wenn es MentorInnen gibt, die eine Ausbildung als TrainerIn oder Coach absolviert haben, muss allen Beteiligten deutlich sein, dass es sich hierbei um unterschiedliche Methoden handelt. Im Gegensatz zu Coaches sollen MentorInnen aus eigenen Erfahrungen berichten.

Was macht eine(n) gute(n) MentorIn aus?
Um eine gute Begleitung als MentorIn zu gewährleisten, ist nicht die eigene Ausbildung oder Position im Unternehmen entscheidend – nicht jede gute Führungskraft ist auch als MentorIn geeignet. Hier stehen persönliche Eigenschaften wie Empathie, Geduld, Kommunikationsvermögen und Respekt gegenüber den Mentees im Vordergrund.

Austausch der MentorInnen untereinander

Eine gute Gelegenheit, alle offenen Fragen zu besprechen und die anderen TeilnehmerInnen kennenzulernen, ist auch für Sie als MentorIn ein Einführungsworkshop. Dieser kann, bei Cross-Mentoring-Programmen, z. B. in Form eines gesteuerten Kennenlernens der anderen MentorInnen und eines thematischen Inputs mit anschließender Diskussion angeboten werden. Oder, bei internen Programmen, durch eine Vorstellung der Projektgruppe, in der noch einmal die Ziele des Unternehmens und die Erwartung an das Programm erläutert werden.

Ergänzend zu dem Einführungsworkshop bietet sich mindestens ein weiterer Erfahrungsaustausch während des Programms an. Hier können Sie sich mit anderen MentorInnen in einem geschützten Rahmen über Ihre Rolle und die bis zu diesem Zeitpunkt gemachten Erfahrungen austauschen. Dies kann z. B. in Form eines MentorInnen-Lunchs, eines Round Table oder einer After-Work-Networking-Veranstaltung geschehen.

Organisatorisches
Die Erfahrung zeigt, dass die Terminierung der MentorInnen eine große Herausforderung für die Projektverantwortlichen darstellt. Die Beteiligten sind häufig über einen langen Zeitraum terminlich bereits ausgebucht. Neben einem „Fahrplan", auf dem bereits zu Beginn des Programms über alle Termine informiert wird, bieten sich kurze Treffen an, im Idealfall verbunden mit einem Essen. Ein Business-Lunch lässt sich eher einrichten als lange Veranstaltungen.

Als MentorIn haben Sie eine verantwortungsvolle Aufgabe übernommen, die auch für Sie sehr bereichernd sein kann. Seien Sie bereit, offen über Ihre Erfahrungen zu sprechen und sich auf Ihr Gegenüber einzulassen.

2.3 Die Rolle des Unternehmens

Wie bereits erwähnt, ist es aus Sicht des Unternehmens zunächst einmal entscheidend, die Zielsetzung des Mentorings und damit auch die Zielgruppe zu bestimmen.

Potenzielle Zielgruppen erkennen
In vielen Firmen gehört Mentoring seit einigen Jahren zum festen Angebot als Personalentwicklungsmaßnahme für ihre MitarbeiterInnen. Häufig wird der Fokus hier auf (meist jüngere) PotenzialträgerInnen im Un-

ternehmen gelegt. Es ist richtig, dass Mentoring ein Karriere-Booster für Nachwuchs-Führungskräfte sein kann. Die Zielgruppen sind, bei genauer Definition und Zielsetzung, jedoch deutlich vielfältiger als nur „junge Männer und Frauen mit Führungspotenzial und -ambitionen". So sollte man beispielsweise auch die folgenden Zielgruppen für ein Mentoring in Betracht ziehen:

Ältere MitarbeiterInnen
Ältere MitarbeiterInnen (je nach Definition handelt es sich hier um Personen zwischen 45 und 60 Jahren) profitieren von einem Generationen-Mentoring. Hier gibt es verschiedene Möglichkeiten:

- Eine gezielte Nachfolgeplanung, d. h., die älteren MitarbeiterInnen transferieren ihr Wissen an jüngere KollegInnen.
- Ältere MitarbeiterInnen stellen z. B. nach einer längeren Familienzeit jetzt ihre eigene Entwicklung in den Vordergrund und planen einen weiteren Karriereschritt.
- Ältere MitarbeiterInnen verfolgen im Austausch mit jüngeren KollegInnen das Ziel eines gesteuerten, beidseitigen Wissenstransfers. Das kann z. B. bedeuten, dass die Jüngeren von den Älteren in ihrer Karriereplanung oder in Fragen der Unternehmenskultur unterstützt werden, während die Älteren von den Jüngeren Hilfestellung bei der Einarbeitung in neue Computerprogramme oder der Anwendung von Social Media erhalten.

SchülerInnen

Eine weitere Zielgruppe sind SchülerInnen, die in der Orientierungsphase vor dem Schulende eine externe Unterstützung durch MentorInnen erhalten, die sie z. B. in der Frage „Soll ich eine weiterführende Schule besuchen?" oder „Welcher Ausbildungsberuf passt zu mir?" neutraler begleiten, als das Eltern oder LehrerInnen könnten.

Junge Väter

Während Frauen und insbesondere berufstätige Mütter eine klassische Zielgruppe von Maßnahmen wie Mentoring-Programmen sind, werden nun zunehmend auch junge bzw. werdende Väter als neue Zielgruppe entdeckt. Denn auch junge Männer möchten heutzutage ihre weitere Karriereplanung in Einklang mit der Familie bringen und möglicherweise nach der Elternzeit ihre Arbeitszeit reduzieren.

Personen mit Migrationshintergrund

Hier gibt es Angebote sowohl zur persönlichen als auch zur beruflichen Begleitung und Unterstützung, die die kulturellen Hintergründe berücksichtigen.

Studierende und WissenschaftlerInnen

Bei Studierenden bzw. Personen, die in der Wissenschaft tätig sind, ist Mentoring seit Langem als eine bewährte Maßnahme der Persönlichkeitsentwicklung bekannt und wird in vielen Bereichen angeboten.

... und viele mehr

Da Mentoring so vielfältig und individuell ist wie die Teilnehmenden, gibt es noch viel mehr Zielgruppen und Anwendungsgebiete. Bei den o. g. Programmen handelt es sich um die am häufigsten eingesetzten Formen. Dabei gilt: Jede Zielgruppe benötigt eine individuelle Begleitung und eigene Zielsetzung.

Rahmenbedingungen fürs Mentoring

So sehr sich die genannten Zielgruppen auf den ersten Blick unterscheiden, so ähnlich sind die Rahmenbedingungen, die das jeweilige Mentoring-Programm benötigt. Ein(e) HauptschülerIn, der oder die einen Ausbildungsplatz sucht, hat definitiv andere Fragen und Anforderungen an den Mentor oder die Mentorin als eine junge Führungskraft, die gerade befördert wurde. Es benötigen jedoch beide den „Perfect Match", d. h. den Mentor/die Mentorin, der oder die für die aktuelle Fragestellung optimal geeignet ist.

Die Erfahrung zeigt, dass die Methoden häufig weniger ernst genommen werden, wenn es sich z. B. „nur" um ein Programm für SchülerInnen oder Studierende der ersten Semester handelt. Das ist bedauerlich und sorgt im Ergebnis dafür, dass diese Programme nicht gelingen können, da sie nicht mit der notwendigen Sorgfalt und Professionalität betreut werden. Besser als ein schlechtes Mentoring ist definitiv gar kein Mentoring. In dem Fall, in dem Personen an einem Programm teilnehmen, das nicht gut betreut oder durchgeführt wird, sind Enttäuschungen vorprogrammiert. Besonders die Programme, die nicht zum Alltag gehören (d. h. nicht das klassische interne Mentoring für PotenzialträgerInnen innerhalb des Unternehmens), benötigen eine gute Vorbereitung und Durchführung.

Auch für erfahrene PersonalerInnen stellen die unterschiedlichen Programme, Programmziele und Zielgruppen eine große Herausforderung dar. Die Aussage „Gut gemeint ist das Gegenteil von gut gemacht!" trifft häufig auf Programme zu, deren Intention gut war, die aber nicht zum optimalen Ergebnis führten, weil wichtige Voraussetzungen nicht berücksichtigt wurden. Hierzu gehört u. a. die organisatorische und inhaltliche Begleitung der Programme. Der Projektgruppe muss ein Budget für die gesamte Projektdauer zugesichert werden. Je nach Form des Mentorings sind die klare Zielsetzung des Programms und besonders die Rollenklärung der Beteiligten unabdingbar für ein gelungenes Projekt.

Über folgende Aspekte sollte sich jeder im Klaren sein, der ein Mentoring-Programm organisiert oder begleitet:

Mentees sind inhaltlich und organisatorisch für die Gespräche verantwortlich.

Mentoring bedeutet eine Holschuld für die Mentees. Die MentorInnen stellen sich, ihre Zeit, ihr Wissen und ihre Erfahrungen zur Verfügung, die Mentees sind diejenigen, die sich diese Informationen abholen müssen.

MentorInnen sind erfahrene, reflektierte und empathische Personen.

Die Aufgabe als MentorIn erfordert neben der fachlichen Qualifikation auch persönliche Voraussetzungen. Geduld, Empathie und der Wunsch, etwas weiterzugeben, sind unabdingbar für erfolgreiche MentorInnen.

Mentoring braucht einen Rahmen.

Je nach Art des Programms (internes oder Cross-Mentoring) und der Zielgruppe braucht es neben den Gesprächen auch einen Rahmen, der vom Unternehmen bzw. der Projektgruppe gestaltet werden sollte. Das bedeutet z. B. eine Auftakt-, Halbzeit- und Abschlussveranstaltung, Möglichkeiten zum Netzwerken oder begleitende Workshops (s. a. Plan am Ende des Buches).

Ziele und Zielgruppen müssen klar definiert sein.

Die Wahl der Zielgruppe wird primär durch das Unternehmen vorgenommen. Es ist wichtig, dass die Ziele der Mentees realistisch sind und dass auch die Projektgruppe keine übersteigerten Ansprüche hat. Die Annahme, dass die Mentees zum Ende des Programms den nächsten Karriereschritt machen, ihr Auftreten optimiert und ihr internes Netzwerk vergrößert haben, setzt alle Beteiligten unter Druck.

Auch ein Nein kann ein gutes Ergebnis sein.

Häufig beginnen Mentees das Programm mit einer klaren Vorstellung von ihrem weiteren Karriereweg. In einigen

Fällen erkennen die Mentees während des Programms und im Austausch mit ihren MentorInnen, dass eine Führungsposition nicht realistisch oder nicht erstrebenswert für sie ist. Auch dieses Ergebnis ist ein gutes Ergebnis, da hier sowohl für das Unternehmen als auch die Mentees Enttäuschungen vermieden werden können.

Mentoring-Beziehungen sollten begleitet werden.
Um ein für beide Seiten erfolgreiches Programm zu ermöglichen, ist eine Begleitung in Form von Feedbackgesprächen durch die Projektleitung und/oder externe ExpertInnen notwendig. So kann gewährleistet werden, dass die Tandems während der gesamten Programmdauer im Kontakt miteinander sind und die Ziele und Themen miteinander bearbeiten.

Mentoring ist eine langfristige Maßnahme.
Allen Beteiligten muss klar sein, dass es sich beim Mentoring um eine Personalentwicklungsmaßnahme handelt, die auf einen längeren Zeitraum ausgelegt ist. Das wird schon durch die Dauer des Programms (in der Regel 12 Monate) deutlich, die sich von der der üblichen Workshops und Seminare unterscheidet.

Evaluationen sollten regelmäßig stattfinden.
Da im Mentoring die Förderung der sogenannten Soft Skills der Mentees, d. h. von Fähigkeiten und Eigenschaften wie Auftreten, Selbstbewusstsein, Rhetorik u. Ä., eine große Rolle spielt, ist eine Evaluation direkt

zum Ende des Programms meist nur bedingt aussage-
fähig. Die Erfolge des Mentorings zeigen sich häufig
erst nach einigen Jahren. Daher sind Evaluationen
nach einem, drei und fünf Jahren ideal. Zu beachten ist
allerdings, dass das Feedback der Mentees und MentorInnen subjektiv und damit schwer messbar ist. Die
Zufriedenheit der Teilnehmenden steht hier im Vordergrund.

Qualitätskriterien im Mentoring

Die Besonderheit des Instruments Mentoring liegt in
der Einfachheit: zwei Menschen, die miteinander
sprechen. Keine Instrumente, keine Werkzeuge, keine
Präsentationen. Hauptbestandteil des Programms ist
die Kommunikation zwischen Mentees und MentorInnen. Diese (vermeintliche) Einfachheit macht es
schwer, festzulegen, woran hochwertige Programme
und eine professionelle Durchführung erkannt werden können. Vielen Firmen (und Personalabteilungen)
ist nicht klar, warum ein solches Programm oft externer ExpertInnen bedarf. Neben der in Kapitel 1.2 dar-
gestellten neutralen Begleitung gibt es noch andere
Kriterien, die für alle Programme gelten sollten. Firmen, die eigene Projekte mit eigenem Personal im
Unternehmen implementieren bzw. durchführen
möchten, können sich an den genannten Qualitätskriterien orientieren.

Da Mentoring kein geschützter Begriff ist und die Implementierung und Durchführung der Programme –

theoretisch – ohne weitere Vorkenntnisse vorgenommen werden kann, ist es schwierig, gute Programme bzw. AnbieterInnen zu erkennen. Hilfreich können hier die Qualitätsparameter der „Deutschen Gesellschaft für Mentoring (DGM)" sein. Hier können Sie Mentoring-ExpertInnen finden, Ihr Programm von einem unabhängigen Beirat zertifizieren lassen oder sich an den Qualitätsparametern orientieren, falls Sie ein neues bzw. eigenes Programm planen.

Die Voraussetzungen für zertifizierte Programme sind in unterschiedliche Bereiche geclustert. Neben den Formen des Mentorings (One-to-One, Gruppen-, Peer- oder E-Mentoring) werden u. a. die folgenden inhaltlichen und formalen Parameter geregelt:

Voraussetzungen

- die Freiwilligkeit der Teilnahme von Mentees und MentorInnen
- die Unabhängigkeit in der Mentoring-Partnerschaft
- ein definierter Zeitraum, in dem das Programm stattfindet
- eine Rollen- und Zielklärung des Tandems in Bezug auf das Mentoring-Programm

Gestaltung (exemplarisch)

- die Vereinbarung der Vertraulichkeit
- Abstimmung bzgl. der Inhalte
- evtl. weitere Absprachen wie z. B. über Projektarbeit, Begleitung/Shadowing

Rahmenbedingungen (exemplarisch)
- Transparenz der Auswahlkriterien von Mentees und MentorInnen (z. B. über Profilbögen, Assessment-Center, persönliches Interview)

Begleitung der Tandems (exemplarisch)
- Informationen der Teilnehmenden (z. B. durch Flyer, Broschüren oder Veranstaltungen)
- Vermittlung von Mentoring-Kompetenzen in Begleitveranstaltungen (z. B. Workshops)
- Beratung und ggf. Unterstützung im Konfliktfall

Inhalte des Mentorings (exemplarisch)
- Erfahrungsaustausch
- Transfer impliziten Wissens
- Weiterentwicklung persönlicher und beruflicher Kompetenzen

Begleitung der Mentees und MentorInnen (exemplarisch)
- Information der Teilnehmenden bzgl. des Programms
- Vermittlung von Mentoring-Kompetenzen
- Begleitung und ggf. Vermittlung im Konfliktfall

Institutionelle Voraussetzungen (exemplarisch)
- Aufgaben des Mentoring-Programmes in der Institution müssen definiert sein
- Das Mentoring-Konzept sollte Teil der Organisationsstrategie sein

Qualitätssicherung
- Feedback der Teilnehmenden
- Evaluation
- Programmdokumentation

Die gesamten Qualitätsparameter können Sie unter www.dg-mentoring.de einsehen.

Gerade weil es sich beim Mentoring um eine Personalentwicklungsmaßnahme handelt, die sich nur schwer evaluieren bzw. messen lässt, sind klare Absprachen in Bezug auf die Zielsetzung des Programms und die Rollenklärung nötig.

Die Erwartungen der Projektgruppe an das Mentoring-Programm sollten angemessen und realistisch sein. Mentoring kann Zielgruppen in den Fokus stellen, Unternehmenskulturen positiv unterstützen oder einzelne MitarbeiterInnen fördern. Es ist kein Allheilmittel der Personalentwicklung.

Auch Mentees und MentorInnen sollten ohne überhöhte Erwartungen ihr Programm miteinander gestalten. Die Erfolge der Tandems werden nicht am Ende des Programms anhand von Kriterien wie Beförderung o. Ä. gemessen. Mentoring ist eine langfristige Personalentwicklungsmaßnahme, die auf verschiedenen Ebenen wirkt.

30 MINUTEN

Wie lässt sich das Risiko eines
Mis-Matchings minimieren?
Seite 66

Wann muss ein Tandem neu
zusammengestellt werden?
Seite 71

Was kann man tun, wenn kein
neuer Mentor/keine neue
Mentorin zur Verfügung steht?
Seite 75

3. Herausforderung Matching

Die Zusammenstellung der Tandems ist eine der wichtigsten Aufgaben der Projektgruppe vor Beginn des Mentorings. Eventuell mit Unterstützung der externen ExpertInnen werden anhand vorab bestimmter Parameter Paare aus Mentees und MentorInnen gebildet. Im Idealfall stehen mehr MentorInnen zur Verfügung, als benötigt werden. So kann nach persönlichen und beruflichen Übereinstimmungen, nach dem „Perfect Match", gesucht werden.

Doch trotz perfekter Vorbereitung und einem professionellen Matching-Prozess kann es vorkommen, dass ein sorgfältig und nach Auffassung der Projektgruppe optimales Tandem nicht gut miteinander arbeiten kann. Das Risiko, dass es zu einem solchen „Mis-Matching" kommt, lässt sich minimieren – aber nie ganz verhindern. Hier stehen eine zügige und professionelle Reaktion der Projektgruppe im Vordergrund.

3.1 Mis-Matching – Mögliche Gründe

In vielen Unternehmen wird das Mentoring „nebenbei" von der Personalabteilung betreut, was häufig zu Problemen in der Zusammenstellung der Tandems führt. Doch auch bei bester und professioneller Betreuung kann es zu Komplikationen kommen. Gründe hierfür können u. a. sein:

- Mentee und MentorIn stehen bzw. standen in einem hierarchischen oder disziplinarischen Verhältnis zueinander.
- Mentee und MentorIn kennen sich aus privaten/persönlichen Zusammenhängen.
- Mentee und MentorIn arbeiten in Abteilungen, die als sensibel bzw. kritisch zu sehen sind (z. B. Revision).
- Mentee und MentorIn sind in Abteilungen tätig, die inhaltlich viele Berührungspunkte haben.
- Mentee und MentorIn sind sich in relevanten Themen uneinig (z. B. Frauen in Führung, Väter in Elternzeit, Karriere in Teilzeit o. Ä.).
- Mentee und MentorIn können inhaltlich nicht voneinander profitieren.
- Mentee und MentorIn sind sich unsympathisch („Chemie" stimmt nicht).

Mis-Matching-Risiko minimieren

Viele der oben genannten Gründe, die zu einem Mis-Matching führen können, gelten nur für interne Mentoring-Programme. Beim Cross-Mentoring entfallen dagegen einige der potenziellen Probleme, da Mentee und MentorIn nicht im selben Unternehmen tätig sind. Es ist nicht auszuschließen, dass es auch hier Personen gibt, die sich aus früheren beruflichen oder privaten Zusammenhängen kennen bzw. sich nicht sympathisch sind, diese Gefahr ist jedoch sehr gering und vernachlässigbar.

Bei internen Programmen ist, neben der erwähnten Identifikation von Zielen und Zielgruppen, das Erstellen einer Matrix des Unternehmens ein weiterer elementarer Bestandteil des professionellen Matchings. So können sowohl Mentees als auch MentorInnen Abteilungen ausschließen, mit denen sie aktuell oder in der Vergangenheit Kontakt hatten. Ebenfalls können Abteilungen ausgeschlossen werden, die thematisch oder inhaltlich miteinander arbeiten.

Ideal ist es, wenn sowohl den Mentees als auch den potenziellen MentorInnen zum Ende des persönlichen Interviews, das zur Auswahl geführt wird, eine Liste mit den Namen aller Mentees bzw. MentorInnen vorgelegt wird, die am Programm teilnehmen. So können sie ohne Angabe von Gründen bestimmte Personen ausschließen.

Es ist wichtig, dass keine Gründe genannt werden müssen, um die Mentees nicht in eine Situation zu bringen, in der sie sich rechtfertigen müssen. Im Ergebnis ist es auch nicht entscheidend, ob jemand aufgrund persönlicher Sympathie bzw. Antipathie oder aufgrund einer früheren Zusammenarbeit nicht als MentorIn infrage kommt, wichtig ist nur, dass diese Person nicht als Tandem-PartnerIn berücksichtigt wird. Gleiches gilt natürlich auch für die MentorInnen, auch hier gibt es Gründe, die einer erfolgreichen Zusammenarbeit entgegenstehen würden.

Die „Kunst des Matchings" lässt sich also durch die Einhaltung professioneller Rahmenbedingungen unterstützen. Die Aufgabe der Projektgruppe ist in diesem Fall klar zu definieren. Ein möglichst gutes Ergebnis wird erreicht, indem

- … die Matrix des Unternehmens genau überprüft wird – welche Abteilungen arbeiten eng miteinander oder eher gegeneinander? Wo gibt es No-Gos?
- … aufgrund der persönlichen Interviews ausführliche Profile der Mentees und MentorInnen erstellt und miteinander abgeglichen werden.

Bekanntgabe der Teilnehmenden

Besonders in internen Mentoring-Programmen ist die Zusammenstellung der Tandems häufig bis zum Start des Programms ein sehr gut gehütetes Geheimnis der Projektgruppe. Das Kennenlernen – und damit die Beantwortung der Frage „Wer mit wem?" – findet in der Regel auf der Auftaktveranstaltung statt. Das kann von der Projektgruppe auf verschiedene Weisen gelöst werden, z. B. durch zwei gleiche Postkarten, die Mentee und MentorIn in ihren Programmunterlagen finden. Eine Alternative wäre, die Tandems gemeinsam auf die

Bühne zu rufen oder mithilfe einer Sitzordnung Mentee und MentorInnen zusammenzubringen.

Egal für welche Form der Bekanntgabe die Projektgruppe sich entscheidet, die TeilnehmerInnen erfahren erst zu diesem Zeitpunkt, wer ihr Mentee bzw. ihre MentorIn ist. Der Grund dafür ist recht einfach: Wären die Namen bereits im Vorfeld bekannt, würden sich sowohl die Mentees als auch die MentorInnen über die Person erkundigen, mit der sie ein Tandem bilden.

Was passiert, wenn die Namen im Vorfeld bekannt werden?
Die Mentees informieren sich im Vorfeld über ihre potenziellen MentorInnen im Intranet oder bei KollegInnen. Sie erfahren, in welcher Abteilung der- oder diejenige tätig ist und wie er oder sie von KollegInnen wahrgenommen wird. Die MentorInnen agieren ähnlich: Entweder im Intranet oder bei den Vorgesetzten der Mentees holen sie sich Informationen: In welcher Abteilung und in welcher Position ist der oder die Mentee tätig? Handelt es sich um eine Person mit Karriereambitionen? Wie wird sie vom Vorgesetzten eingeschätzt?

Sowohl Mentees als auch MentorInnen bekommen neben Fakten wie Position und Abteilung auch ein „Bild" von der Person – sei es im tatsächlichen oder übertragenen Sinne.

Der erste Eindruck entsteht somit nicht im direkten Kontakt, sondern über das, was KollegInnen oder Vorgesetzte über diese Person erzählen. Ein unvoreingenommenes Kennenlernen ist somit nicht mehr möglich, im Kopf sind bereits Informationen abgespeichert. Unabhängig davon, ob diese Informationen positiv oder negativ sind, beeinflussen sie das tatsächliche Kennenlernen.

Der Vorschlag, Mentees und MentorInnen die Namen aller Teilnehmenden vorab vorzulegen, scheint in diesem Zusammenhang zunächst widersprüchlich. Wenn man so vorgeht, lässt sich nicht vermeiden, dass so schon erste Namen bekannt werden. Die Möglichkeit zu bieten, eine Vor-Auswahl von potenziellen Mentees bzw. MentorInnen durchzuführen, die aus verschiedensten Gründen nicht als TandempartnerIn agieren können, ist jedoch wichtiger. Da im Idealfall mehr MentorInnen als Mentees zur Verfügung stehen, ist zwar bekannt, wer eventuell am Programm teilnimmt, eine Zuordnung ist jedoch nicht möglich, der Überraschungs-Effekt zum Auftakt des Programms bleibt also bestehen.

 Je genauer die Verantwortlichen im Vorfeld die Matrix des Unternehmens und die persönlichen Informationen bzgl. der potenziellen Mentees und MentorInnen prüfen, umso geringer ist die Gefahr, dass ein Tandem zusammengestellt wird, das nicht miteinander arbeiten kann oder möchte.

3.2 Mis-Matching – Der richtige Umgang

Es ist wichtig, dass die Projektverantwortlichen sich bereits im Vorfeld darüber im Klaren sind, dass es dazu kommen kann, dass ein Tandem trotz guter, professioneller und intensiver Vorarbeit nicht miteinander arbeiten kann. Wenn alle Bedingungen für ein professionelles Mentoring erfüllt wurden, geht es in einem solchen Fall primär darum, eine gute Alternative für das Tandem zu finden. Die „Schuldfrage" ist in diesem Moment zu vernachlässigen. Mentoring bedeutet Arbeit mit Menschen – und das bedeutet, dass es keine Garantie geben kann.

Tandems neu zusammenstellen

Die Entscheidung, dass ein Tandem – aus welchen Gründen auch immer – nicht miteinander arbeiten kann und neu zusammengestellt werden muss, kann und muss relativ schnell getroffen werden. Diese Tatsache sollte besonders den Mentees im Vorfeld deutlich gemacht werden. Die MentorInnen werden nach professionellen Kriterien ausgewählt, mit dem Ziel, dass die Mentees den größtmöglichen Erfolg in ihrem Programm erreichen. Die Wahl, die unter diesen Gesichtspunkten getroffen wird, ist häufig nicht die, zu der die Mentees tendiert hätten. Hier muss bereits am Anfang deutlich gemacht werden, dass die MentorInnen nicht aufgrund von Sympathie oder persönlichen Vorlieben ausgewählt werden und dass ein Wechsel Ultima Ratio, d. h. die letzte Möglichkeit ist.

Ein neues Matching erfordert gleichermaßen Fingerspitzengefühl, Expertise und Souveränität der Projektleitung:

- **Die Mentees** müssen Vertrauen zur Projektleitung haben, damit sie ihr umgehend mitteilen, dass sie mit dem Mentor/der Mentorin nicht arbeiten können.
- **Die MentorInnen** müssen die gleiche Möglichkeit haben. Wenn die Grundlage für eine vertrauensvolle Zusammenarbeit nicht gegeben ist, sollten sie das der Projektleitung umgehend mitteilen.
- **Die Projektgruppe** sollte im Idealfall, auch bei idealer Vorbereitung und professionellem Matching, für jede(n) Mentee einen Plan B, d. h. einen weiteren Mentor/eine weitere Mentorin, zur Verfügung haben, mit dem oder der das Programm beginnen kann.

Die Tatsache, dass ein Tandem neu zusammengestellt wird, sollte von der Projektgruppe möglichst unaufgeregt und diskret behandelt werden. Da es immer zu einem Mis-Matching kommen kann, sollten den Tandems die Kontaktdaten der anderen Mentees und MentorInnen erst nach dem ersten Feedback mitgeteilt werden. Weder Mentee noch MentorIn des nicht funktionierenden Tandems sollten besonders (negativ) herausgestellt werden.

Die Entscheidung

Die Entscheidung, dass ein Tandem neu gematcht, d. h. die MentorInnen gewechselt werden müssen, sollte zwar relativ schnell, jedoch nicht leichtfertig getroffen werden. Abhängig von den Gründen, die zu einer Auflösung des Tandems führen, ist in diesem Fall besondere Sensibilität der Projektgruppe gegenüber den Beteiligten nötig.

Führt ein sachlicher Grund, beispielsweise eine im Vorfeld nicht bekannte frühere Zusammenarbeit, dazu, dass ein Tandem aufgelöst werden muss, ist dies in den meisten Fällen unproblematisch möglich. Dies kann trotz professioneller Vorbereitung und einem gründlichen Abgleich mit der Matrix zum Beispiel dann passieren, wenn Mentee oder MentorIn früher einen anderen Namen trugen. Sowohl nach einer Hochzeit als auch nach Scheidungen ändern sich Namen. So kann es vorkommen, dass sich ein Tandem gegenübersteht, das sich kennt, obwohl man dies eigentlich im Vorfeld ausschließen wollte. Da diese Gründe klar erkennbar und nachvollziehbar sind, sollte umgehend zu einem neuen Tandem geraten werden.

Sehr selten, aber nicht ausgeschlossen ist, dass sich Mentee und MentorIn absolut unsympathisch sind. Die Projektgruppe hat alle Parameter geprüft, das Tandem passt inhaltlich und im Hinblick auf die Ziele des Mentees/der Mentee perfekt zusammen – und mag sich dennoch nicht. Hier ist eine sehr sensible Betreuung vonseiten der Projektgruppe und ein professioneller

Umgang mit der Situation nötig. Es kommt sehr selten vor, dass das Gefühl „Die Chemie zwischen uns stimmt nicht" nur von einer Person wahrgenommen wird. In den meisten der per se schon sehr seltenen Fälle, in denen sich ein Tandem nicht sympathisch ist, gilt dies für beide Parteien. Findet das Kennenlernen auf der Auftaktveranstaltung statt, ist es eine Aufgabe der Projektgruppe, alle Tandems kurz anzusprechen und nach dem ersten Eindruck zu fragen. Sollte hier deutlich werden, dass zwei Personen gar nicht miteinander ins Gespräch kommen, sollte sofort interveniert werden.

Die Wertschätzung

„Es gibt keine zweite Chance für den ersten Eindruck", lautet ein Sprichwort. Insofern ist auch gutes Zureden, das betroffene Tandem solle es doch ein paar Mal miteinander probieren, kaum sinnvoll. Eine weitere Lebensweisheit lautet: „Man trifft sich immer zweimal im Leben", und nicht nur deswegen ist es erstrebenswert, dass die Tandems wertschätzend und respektvoll auseinandergehen. Nachdem die Projektgruppe darüber informiert wurde, dass eine Zusammenarbeit nicht vorstellbar ist, kann ein – moderiertes – gemeinsames Gespräch sinnvoll sein. Hier kann beiden Teilnehmenden deutlich gemacht werden, dass niemand etwas „falsch gemacht" oder Erwartungen nicht erfüllt hat. Das ist ein sehr wichtiger Punkt, damit weder die Mentees noch die MentorInnen verletzt und mit dem Gefühl, „nicht gut genug" zu sein, aus dem Programm gehen.

Während die Mentees möglichst schnell eine Alternative, d. h. einen anderen Mentor/eine andere Mentorin genannt bekommen, endet für die MentorInnen das Programm an dieser Stelle. Die Tandems sind zusammengestellt, das Programm startet – und die ausgewechselte MentorIn nimmt nicht daran teil. Da es sich bei MentorInnen häufig um erfahrene Führungskräfte handelt, ist davon auszugehen, dass sie in ihrer beruflichen Laufbahn schon mehrere Erfahrungen gemacht haben, die nicht nur erfolgreich waren. Trotzdem ist nicht zu unterschätzen, was diese Entscheidung in den Teilnehmenden auslösen kann. Die Projektgruppe ist hier in der Verantwortung, eine leise und pragmatische Lösung zu finden und besonders den MentorInnen zu vermitteln, dass die Gründe, die zu der Auflösung geführt haben, nicht in der Person bzw. deren Expertise oder Professionalität liegen.

Die Projektverantwortlichen müssen den Mut haben, ein nicht passendes Tandem umgehend aufzulösen und ggf. ein neues Matching vorzunehmen. Hier sind Sensibilität und Empathie absolut notwendig.

3.3 Mis-Matching – Potenzielle Alternativen

Dass es zu einer Neu-Zusammenstellung der Tandems kommt, ist wie gesagt eine Ausnahme. Im Cross-Mentoring ist ein neues Matching recht unproblematisch, da hier externe ExpertInnen für das Matching verantwortlich sind, die über ein großes Netzwerk an MentorInnen verfügen und so umgehend einen Ersatz anbieten können.

Für die Projektverantwortlichen interner Programme kann dies eine größere Herausforderung darstellen. Im Idealfall gibt es für jede(n) Mentee noch eine Alternative zum/zur ersten MentorIn. Sollte dies z. B. aufgrund einer speziellen Fragestellung des Mentees/der Mentee nicht der Fall sein, muss gemeinsam eine zufriedenstellende Alternative gesucht werden. Sollte trotz intensiver Suche im Unternehmen kein adäquater Ersatz gefunden werden, kann z. B. die Teilnahme an einem Cross-Mentoring eine Alternative darstellen. Falls es sich um Themen handelt, die besser in einem internen Mentoring besprochen werden können, ist zu überlegen, ob eine Teilnahme im nächsten Durchgang oder zu einem anderen Zeitpunkt möglich ist. Ein Mentoring „um jeden Preis" sollte vermieden werden, da hier ein Scheitern (fast) vorprogrammiert ist.

Transparenz bei Mis-Matching

Allen Teilnehmenden, besonders aber den Mentees, muss sehr deutlich gemacht werden, dass das Matching nicht „Wünsch dir was!" bedeutet, sondern mit Expertise und Erfahrung nach professionellen Gesichtspunkten durchgeführt wird. Die Mentees müssen ebenfalls wissen, dass die Aussage „Wir können nicht miteinander arbeiten!" nach dem ersten, eventuell zweiten Treffen mit den MentorInnen an die Projektverantwortlichen gemeldet werden muss. Nur so kann eine schnelle Lösung gefunden werden.

Und wenn es erst später nicht mehr passt?
Es ist nicht ungewöhnlich, dass die Mentees in späteren Feedbackgesprächen erwähnen, dass „die Zusammenarbeit anstrengend" und „die Zusammenstellung des Tandems wohl doch nicht optimal" ist. Zu diesem Zeitpunkt kann davon ausgegangen werden, dass sich die Mentees in einer Phase befinden, in der sie gefordert werden, in der die MentorInnen etwas unbequem werden oder in der die Mentees ihre Komfortzone verlassen müssen, um ihre Ziele zu erreichen. Ein Eingreifen ist hier also nicht nötig. (Mehr dazu in Kap. 4.1.)

Mentoring bedeutet Arbeit mit Menschen. Alle Beteiligten sollten sich daher bewusst sein, dass
- *auch bei der optimalen Zusammenstellung von Tandems niemand garantieren kann, dass die Zusammenarbeit erfolgreich und harmonisch verläuft, und*
- *dass eine neue Zusammenstellung von Tandems für keinen der Beteiligten einen Affront, eine Herabwürdigung der eigenen Person oder eine mangelnde Eignung als Mentee bzw. als MentorIn bedeutet.*

30 MINUTEN

4. Feedback im Mentoring

Feedback ist ein wichtiges Instrument im Mentoring-Prozess. Für die Projektgruppe sind Feedbackgespräche eine Möglichkeit, das laufende Projekt zu betreuen und die Zufriedenheit der Teilnehmenden beurteilen zu können. In den Tandems sind die Feedbacks sowohl für die Mentees als auch für die MentorInnen ein wichtiger Bestandteil, um Fortschritte und Potenziale feststellen zu können.

4.1 Feedback – An die Projektgruppe

Die Mitglieder der Projektgruppe bzw. die externen ExpertInnen sind auch während des laufenden Mentoring-Programms wichtige AnsprechpartnerInnen für die Mentees und MentorInnen. Bereits bei bzw. zeitnah nach dem ersten Kennenlernen der Tandems sollte ein erstes Feedback eingeholt werden. Dieses Gespräch kann telefonisch geführt werden. Zu diesem Zeitpunkt geht es primär darum, ob der erste Eindruck von beiden Seiten gut und eine vertrauensvolle Zusammenarbeit denkbar ist.

Die Auftaktveranstaltung nutzen

Gut geeignet hierfür ist auch die Auftaktveranstaltung. Hier können alle Tandems im Umgang miteinander beobachtet werden. So lässt sich erkennen, ob und wie die Teilnehmenden miteinander in den Kontakt kommen. Hierfür sollten nach dem offiziellen Part der Programmvorstellung und des Kennenlernens Möglichkeiten zu einem ersten Gespräch gegeben werden. Die Tandems können erste Informationen austauschen, d. h., sich und ihre Abteilung bzw. bei einem Cross-Mentoring ihre Firma vorstellen.

Bei der Organisation der Auftaktveranstaltung sollte darauf geachtet werden, dass z. B. Stehtische oder kleine Nischen am Ort der Veranstaltung vorhanden sind, sodass die Teilnehmenden sich ungestört austauschen können.

Wenn erkennbar ist, dass eines der Tandems nicht miteinander ins Gespräch kommt oder sich offensichtlich unsympathisch ist, sollte dies zunächst von den Verantwortlichen einen Moment lang beobachtet werden. Falls sich die Situation nach einigen Minuten nicht geändert hat, ist es sinnvoll, dass ein Mitglied der Projektgruppe mit dem Tandem in Kommunikation tritt. Die freundliche Ansprache durch eine neutrale Person kann die Anspannung der Beteiligten lösen. Das Gespräch kann nun von dem oder der Projektverantwortlichen etwas gesteuert werden. Dabei ist es auch möglich, einen vertieften Eindruck zu erlangen und einzuschätzen, ob weitere Treffen sinnvoll sind. Alternativ kann zeitnah ein Telefontermin vereinbart werden, um die Frage der weiteren Zusammenarbeit zu klären (siehe Kapitel 3 zum Thema Mis-Matching).

Reguläre Feedbackgespräche

Ist der erste Eindruck positiv, sollte das erste reguläre Feedback-Telefonat ca. vier bis sechs Wochen nach dem Programmstart stattfinden. Dieses Telefonat sollte im Vorfeld mit den Mentees und MentorInnen abgestimmt und terminiert werden. Dies sorgt für eine höhere Verbindlichkeit und gibt den Beteiligten die Möglichkeit, sich auf das Gespräch vorzubereiten. Außerdem können offene Fragen von den Mentees und MentorInnen gestellt werden.

Geklärt werden sollte in diesem Gespräch, ob bereits ein persönliches Treffen stattgefunden hat, ob die Chemie stimmt und ob gemeinsame Ziele und die Zusammenarbeit besprochen und weitere Termine vereinbart wurden.

Wenn von beiden Seiten die Zusammenarbeit positiv wahrgenommen wird, ist ein weiteres Feedbacktelefonat erst zur Halbzeit des Programms erforderlich (s. a. Ablaufplan am Ende des Buches). In diesem Gespräch wird besonders den Mentees noch einmal die Möglichkeit gegeben, das bisher Erreichte zu reflektieren und die Ziele für die verbleibende Zeit zu definieren.

Umgang mit anstrengenden Phasen

Oft kommt es vorher, dass Mentees, die bis zu diesem Zeitpunkt immer ein sehr gutes Feedback gegeben haben („Ich habe den idealen Mentor!" oder „Meine Mentorin ist die beste Mentorin, die es gibt!"), zur Halbzeit scheinbar plötzlich, quasi aus dem Nichts heraus, Kritik üben.

Unzufriedenheit, die zu diesem Zeitpunkt das erste Mal geäußert wird, ist häufig auf die Tatsache zurückzuführen, dass das Mentoring in dieser Phase für die Mentees anstrengend wird. Nach der anfänglichen „Honeymoon-Phase" ist spätestens zur Mitte des Programms der Punkt erreicht, an dem die MentorInnen mehr von ihren Mentees fordern, damit diese ein erfolgreiches Mentoring-Programm erleben. Die MentorInnen hinterfragen nun die Ziele und bisher erreichte Erfolge. Für die Mentees bedeutet das, dass sie nun definitiv ihre Komfortzone verlassen, die verbleibende Zeit nutzen und sich auch eventuell unbequemen Themen oder Aufgaben widmen müssen. Im Feedbackgespräch sollte auf diese Äußerungen freundlich, verständnisvoll und bestimmt reagiert werden: Ein Wechsel des Tandems zu diesem Zeitpunkt ist keine Option!

Direkt nach dem ersten Kennenlernen, zum Beispiel bei der Auftaktveranstaltung, sollte ein erstes Feedback von den Tandems eingeholt werden. Weitere Feedbackgespräche folgen nach vier bis sechs Wochen und etwa zur Halbzeit des Programms.

4.2 Feedback – Von den MentorInnen

Wenn von Feedback beim Mentoring die Rede ist, bedeutet das primär das Feedback der MentorInnen an ihre Mentees. Die Rollenverteilung im Mentoring ist ja deutlich definiert: Die Mentees sind diejenigen, die für die Themen und Inhalte des Programms verantwortlich sind. Der Lernzuwachs erfolgt primär über den Austausch mit den MentorInnen, den Wissenstransfer, die Gespräche, evtl. mögliche Begleitungen – und über das Feedback zu ihrer Person, das die Mentees in den Gesprächen bekommen.

Dieses Feedback geben die MentorInnen kontinuierlich, im Prozess der Gespräche oder zu bestimmten

Fragestellungen der Mentees. Es kann und soll sich auch auf die Person der Mentees und ihr Auftreten im Beruf beziehen. In diesem geschützten Rahmen können auch Themen wie persönlicher Auftritt, Kleidung oder Stimme besprochen werden. Hier sind wieder Fingerspitzengefühl und Empathie der MentorInnen gefragt. Die Mentoring-Gespräche sind ein idealer Rahmen, um den Mentees Tipps zu ihrer Person und ihrer Wirkung zu geben.

Das Feedback, das die MentorInnen ihren Mentees geben, ist ein wesentliches Element des Mentorings und sollte auch Themen wie die persönliche Wirkung des Mentees umfassen.

4.3 Feedback – Von den Mentees

Neben der Rückmeldung der MentorInnen an die Mentees ist auch das Feedback der Mentees an ihre MentorInnen wichtig. Dies kann sich auf verschiedene Bereiche beziehen: Mentees können

- direkt auf die Tätigkeit im Mentoring, wie z. B. die Gesprächsführung, Bezug nehmen,
- auf die Tipps eingehen, die ihnen die MentorInnen gegeben haben, oder
- auf das, was sie wahrgenommen haben, wenn sie die MentorInnen z. B. als RednerIn erlebt haben.

Da Mentees und MentorInnen in keinem hierarchischen Verhältnis zueinander stehen, fällt es den Mentees oft leichter, den MentorInnen ein offenes, konstruktives Feedback zu ihrer Person und ihren Fähigkeiten zu geben, als es die eigenen MitarbeiterInnen können. Ebenso wie die MentorInnen sollten die Mentees auf die Regeln für ein wertschätzendes Feedback achten.

Feedback geben & Feedback annehmen
Feedback sollte kurz und knapp sein und von Herzen kommen! Diese Faustregel kann als Orientierung für die Feedback-Gebenden dienen.
Feedback annehmen bedeutet, dass man zuhört, das Gesagte annimmt und bei Unklarheiten nachfragt. Hilfreich kann es sein, das Gehörte zusammenzufassen und zu fragen, ob alles richtig verstanden wurde. Auch auf den ersten Blick kritisches Feedback sollte man als das nehmen, was es ist: eine Möglichkeit, Verhalten oder Auftreten zu verbessern.

Feedback spielt im Mentoring auf verschiedenen Ebenen eine Rolle: Das Feedback der MentorInnen an die Mentees ist entscheidend für deren Lernprozess im Mentoring-Programm.

30

Umgekehrt können aber auch die Mentees Feedback geben. Da sie in keinem hierarchischen Verhältnis zu ihren MentorInnen stehen, haben diese eine relativ gute Chance, ein ehrliches, offenes Feedback zu erhalten.
Die Projektgruppe wiederum sollte systematisch

Feedback von den Tandems einholen, um ggf. bei Mis-Matching früh eingreifen zu können. Beim Feedback etwa zur Halbzeit ist allerdings zu beachten, dass kritische Äußerungen der Mentees nicht überbewertet werden sollten. Sie zeigen meist nur an, dass das Mentoring „unbequem", also fordernd wird.

Projektablaufplan für ein Mentoring-Programm

Im Folgenden werden exemplarisch die verschiedenen Veranstaltungen und To-dos genannt, die im Projektablaufplan für ein Mentoring-Programm berücksichtigt werden sollten. Als Form empfiehlt sich eine Tabelle, die beispielsweise so gestaltet sein könnte:

Datum	Veran-staltung	Dauer	Wer	Verant-wortliche Organi-sation
...	...	...	...	...

Folgende Punkte sollte der Ablaufplan enthalten:
- ✓ Projektablaufklärung: Wer ist Teil der Projektgruppe/AnsprechpartnerIn?
- ✓ Einladungen an potenzielle Mentees versenden
- ✓ Einladungen an Führungskräfte der potenziellen Mentees versenden
- ✓ Info-Veranstaltung für potenzielle Mentees/MentorInnen
- ✓ Abgabetermin Bewerbungen: 3 Wochen nach Info-Veranstaltung
- ✓ Bewerbungen lesen und auf Eignung für Mentoring prüfen
- ✓ Vorstellung der potenziellen Mentees gegenüber der Projektgruppe

- ✓ Anschreiben an potenzielle Mentees und Termine vereinbaren
- ✓ Absagen an nicht berücksichtigte BewerberInnen
- ✓ Interview-Termine Mentees/MentorInnen (Dauer: nach Aufwand)
- ✓ Absagen an BewerberInnen, die im Interview nicht überzeugten oder für die kein(e) MentorIn gefunden wurde
- ✓ Matching der Tandems, Vorstellung gegenüber der Projektgruppe
- ✓ Einladung Mentees + MentorInnen
- ✓ Absage nicht berücksichtigte MentorInnen
- ✓ Absage an nicht berücksichtigte Mentees mit Angebot Feedbackgespräch
- ✓ Kennenlernen/Workshop der Mentees, Begrüßung, Auftakt, Vorstellung, Kennenlernen der Tandems (Dauer: 1 Tag)
- ✓ 1. Feedbackabfrage per Telefon Mentees und MentorInnen (Dauer: 15 Minuten pro Mentee)
- ✓ 2. Feedbackabfrage per Telefon Mentees und MentorInnen (Dauer: 15 Minuten pro Mentee)
- ✓ Bergfest: Rückblick und Ausblick (Dauer: ½ Tag)
- ✓ 3. Feedbackabfrage per Telefon Mentees und MentorInnen (Dauer: 15 Minuten pro Mentee)
- ✓ Abschlussveranstaltung/Präsentation (Dauer: 1 Tag)

Fast Reader

1. Einführung ins Mentoring

Grundsätzlich lassen sich zwei Formen des Mentorings unterscheiden: internes Mentoring und Cross-Mentoring. In den Fällen, in denen Mentees und MentorInnen aus demselben Unternehmen kommen, spricht man von internem Mentoring. Hier ist besonders die Matrix des Unternehmens zu beachten: Mentee und MentorIn dürfen in keinem hierarchischen bzw. Abhängigkeitsverhältnis zueinander stehen.

Die Alternative zum internen Mentoring ist das Cross-Mentoring, in dem Mentees und MentorInnen aus unterschiedlichen Unternehmen und ggf. unterschiedlichen Branchen kommen. Cross-Mentoring kann nur mit Unterstützung von externen ExpertInnen realisiert werden.

Bei der Wahl der Form des Mentorings ist zu beachten:

- *Internes Mentoring ist die ideale Maßnahme, um Mentees eine größere Sichtbarkeit im Unternehmen zu ermöglichen.*
- *Cross-Mentoring ist ideal für MitarbeiterInnen kleiner Unternehmen und für alle, die einen Blick über den „Unternehmens-Tellerrand" hinaus werfen wollen.*

Für beide Formen des Mentoring gilt, dass die Mentees und ihre Ziele im Vordergrund stehen.

2. Aufgaben im Mentoring

Mentoring ist ein sehr vielfältig einsetzbares Instrument der Personalentwicklung. Nahezu jede Zielgruppe kann, bei genauer Definition der Ziele und einer entsprechenden Planung, von Mentoring profitieren. Das bedeutet, dass sowohl SchülerInnen als auch PotenzialträgerInnen oder bestimmte Personengruppen im Unternehmen für ein Mentoring-Programm identifiziert werden können.

Je genauer die Planung und die Zielsetzung vor Beginn des Programms, umso größer ist der zu erwartende Erfolg. Die Zusammenstellung der Tandems wird anhand definierter Kriterien vorgenommen. Hilfreich sind hier die Qualitätskriterien der Deutschen Gesellschaft für Mentoring (DGM).

An einem Mentoring-Programm sind verschiedene Personen und Personengruppen beteiligt, die unterschiedliche Aufgaben haben:

- *Die primäre inhaltliche Gestaltung liegt bei den Mentees. Sie sind verantwortlich für die Gesprächsinhalte.*
- *Die MentorInnen sollten die Mentees durch ihr Wissen und ihren Erfahrungsschatz unterstützen und bereit sein, offen und reflektiert über eigene Erfahrungen zu sprechen.*
- *Ein professionell begleitetes Mentoring verfügt über eine Projektgruppe, die die Tandems während des gesamten Zeitraums betreut und ein Rahmenprogramm gestaltet.*

3. Herausforderung Matching

Dass ein Tandem nicht miteinander arbeiten kann oder möchte, ist, bei professioneller Vorbereitung und Begleitung des Programms, die absolute Ausnahme. Trotzdem können diese Fälle nicht ausgeschlossen werden. Mögliche Gründe können persönliche Antipathie, eine frühere Zusammenarbeit, die nicht bekannt war, oder eine private Bekanntschaft des Tandems sein.

In diesen Fällen ist schnelles und umsichtiges Handeln der Projektgruppe gefragt. Im Idealfall werden bereits bei der Zusammenstellung der

Tandems mögliche Alternativen eingeplant. Hier-
für – und für ein optimales Matching – ist es sinn-
voll, wenn der Projektgruppe mehr MentorInnen
zur Verfügung stehen, als für das Programm benö-
tigt werden.

30

Im Umgang mit Mis-Matching ist zu beachten:

- **Das Neu-Zusammenstellen der Tandems sollte als Ultima Ratio, also das letzte mögliche Mittel, betrachtet werden.**
- **Wichtig ist, dass eine Neu-Zusammenstellung des Tandems ohne Gesichtsverlust für Mentee oder MentorIn vonstattengeht.**

4. Feedback im Mentoring

Feedback ist ein wichtiges Instrument im Mento-
ring. Das bedeutet u. a., dass die Projektgruppe
intensiv mit den Tandems im Kontakt steht und
regelmäßig Feedback einholt, ob die Mentees und
MentorInnen gut miteinander arbeiten und die
vereinbarten Ziele erreicht werden.
Weiteres Feedback geben sich Mentees und Men-
torInnen gegenseitig. Sowohl Mentees als auch
MentorInnen profitieren von den ehrlichen An-
merkungen in Bezug auf professionelles und per-
sönliches Auftreten.

*Eine Grundvoraussetzung im Mentoring ist ge-
genseitiger Respekt. Dies gilt besonders für das
Feedbackgeben und -nehmen. Hier ist auf einen
offenen und wertschätzenden Umgang zu achten,
das heißt, dass das Feedback nicht verletzend,
sondern konstruktiv und hilfreich sein sollte.*

Die Autorinnen

Tinka Beller ist seit 2010 Projektleiterin bei kontor5, Gründungsvorstandsmitglied der Deutschen Gesellschaft für Mentoring (DGM) und Expertin für Gender Diversity und Demografie. Gemeinsam mit Gabriele Hoffmeister-Schönfelder ist sie Autorin des Standardwerks „Mentoring – im Tandem zum Erfolg" und für die Entwicklung, Implementierung und Betreuung von Mentoring-Programmen verantwortlich.

Gabriele Hoffmeister-Schönfelder ist seit 1999 geschäftsführende Inhaberin von kontor5, Erste Vorsitzende der Deutschen Gesellschaft für Mentoring (DGM) und Pionierin des Cross-Mentoring in Deutschland. Als Expertin für Chancengleichheit, Frauenförderung, Diversity und Demografie ist sie als kompetente Teilnehmerin an Podiumsdiskussionen und Arbeitskreisen gefragt.

www.kontor5.de

Weiterführende Literatur

- Beller, Tinka/Hoffmeister-Schönfelder, Gabriele: Mentoring – im Tandem zum Erfolg, GABAL Verlag, Offenbach 2016

- De Haen, Nayoma Viktoria/Hardieß, Torsten: 30 Minuten Gewaltfreie Kommunikation, GABAL Verlag, Offenbach 2015

- Heckel, Margaret: Aus Erfahrung gut. Wie die Älteren die Arbeitswelt erneuern, Körber-Stiftung, Hamburg 2013

- Hurrelmann, Klaus/Albrecht, Erik: Die heimlichen Revolutionäre – Wie die Generation Y unsere Welt verändert, Beltz Verlag, Weinheim 2016

- Kurmeyer, Christine: Mentoring. Weibliche Professionalität im Aufbruch, Springer VS, Wiesbaden 2012

- Liebhart Ursula/Stein, Daniela: Professionelles Mentoring in der betrieblichen Praxis: Entscheidungsgrundlagen und Erfolgsfaktoren, Haufe Fachbuch, Freiburg 2016

- Mangelsdorf, Martina: Von Babyboomer bis Generation Z, GABAL Verlag, Offenbach 2015

- Domsch/Ladwig/Weber: Cross Mentoring. Ein erfolgreiches Instrument organisationsübergreifender Personalentwicklung, SpringerGabler, Berlin 2017

Register

Abwerbeverbot 29, 32

Arbeitgeberattraktivität 7, 27, 29, 33

Auftaktveranstaltung 43f., 68, 74, 80, 83

Auswahlverfahren 9, 19, 23, 25

Beförderung 16, 56, 63

Bewerbung 23ff., 45, 87

Chancen im Mentoring 17, 29, 35, 39

Cross-Mentoring 10, 13f., 19, 27-34, 37, 43, 48, 52, 58, 67, 75f., 80, 89f.

Feedbackregeln 85

Feedbackgespräche 29, 59, 77, 79, 81, 83, 88

Freiwilligkeit 23, 61

Grenzen im Mentoring 17, 29

Internes Mentoring 10, 12, 14-19, 22f., 25, 27f., 30f., 33f., 37, 43, 48, 52, 57f., 66ff., 76, 89f.

Karriere 12f., 16, 25, 39, 41, 46, 49, 54f., 58, 66, 69

Kommunikation 14, 19, 25, 35, 50, 52, 60, 81

Konflikte 13, 16, 25, 29, 31, 41, 62

Matching 21, 25f., 65-68, 712, 75f., 88, 91f.

Mis-Matching 65f., 71f., 75f., 81, 86, 92

Motivation 23f., 34, 45f.

Netzwerk 13, 17, 28f., 34, 43, 46, 48, 51, 58, 76

Personalabteilung 17f., 22f., 28, 31, 60, 66

PotenzialträgerInnen 10, 19, 27, 38, 53f., 57, 90

Probleme 18, 22, 49, 66f.

Profil 24, 26, 62, 68

Projektgruppe/-leitung 17, 19, 21-24, 26, 35, 37, 39, 43, 48, 52f., 57ff., 63, 65, 68f., 71-77, 79ff., 85, 87f., 91f.

Shadowing 18, 61

Sichtbarkeit 7, 16, 18, 27, 30, 33, 90

Tandem 6, 13f., 21ff., 25f., 29, 31f., 37f., 44, 47, 59, 61ff., 65f., 68-75, 77, 79ff., 83, 86, 88, 90ff.

Themen 10, 12-15, 17, 19, 23, 26, 28f., 31, 38, 42, 45ff., 50, 59, 66, 76, 83f.

Unternehmensgröße 14f., 19

Unternehmenskultur 16, 20, 29f., 32, 34, 54, 63

Verantwortung 21, 33, 38, 49f., 53, 75

Vereinbarkeit Familie/Beruf 12f., 16f., 25, 46

Vertraulichkeit 15, 29, 32, 61

Wissenstransfer 12, 14, 54, 62, 83

Ziele/Zielsetzung 9f., 12, 14f., 19ff., 25ff., 30, 33f., 39, 41ff., 50, 52ff., 56-59, 63, 67, 71, 73, 77, 82, 90, 92

Zielgruppe 9f., 12, 14, 19ff., 23, 26f., 53-58, 63, 67, 90